清华大学建筑设计研究院成立60周年精选作品集

清华大学建筑设计研究院 编著

中国建筑工业出版社

序言

2018年是清华大学建筑设计研究院建院60周年。清华大学设计院的特色和理念在于，第一，大学本身蕴含着知识、研究和人才培养，大学设计院的特征就是和教学、科研紧密的结合。第二，在人员构成上除了建筑师、工程师之外，大学设计院还有教授和学生，所以，在项目和日常业务的运作过程中一直强调以研究为先导。这种高校体制下的设计院将产学研融合起来，形成了中国特有的一种设计力量。因此，大学存在，大学设计院这个实践平台就应该存在。教授们可以在这里把他们的研究成果转化，学生们可以在这里将知识付诸实践，所以，大学设计院是一个最具前沿性，思想最活跃的设计研究平台。希望清华大学设计院在未来的发展中继续发扬这种特色，依托于清华大学，结合学科的发展，结合产学研人才的培养，真正成为一个具有大学气质的、以研究为先导的设计企业，一个具有坚实的学术基础、学科支撑、并投身于具体实践的设计院，继续服务于国家，服务于学科的发展，和世界同步。

In 2018 we celebrate the 60th anniversary of Tsinghua University Architectural Design and Research Institute (THAD). University-based architect offices in China are a unique phenomenon in two ways. Firstly, as a place for accumulating knowledge, elaborating research and fostering students, its prominent characteristic is the close relationship between education and research. Secondly, besides architects and engineers, professors and students are members of its personnel; therefore, its design projects and daily practices are very much research oriented. As long as universities exist, this unique platform shall continue to present. In the past six decades, THAD has become a place where professors put their research findings into reality, students gain their experience from actual practice, and eventually formed a most unique, avant-garde and vibrant platform for design and research. In the coming years, I wish THAD shall retain these characteristics. Deeply rooted in academic soil, synchronized with the development of the discipline, fully engaged in education, I hope THAD remain and reinforce its role as a research-oriented design office with academic qualities, an active practitioner with knowledge foundations and supports, continuously serving for national development as well as disciplinary growth, and at the same time becoming a pioneer member of the international architecture dialogue.

庄惟敏

2018年9月

企业概况

清华大学建筑设计研究院成立于 1958 年，为国家甲级建筑设计院。2010 年 11 月，获教育部批准进行改制，于 2011 年 1 月 5 日改制为清华大学建筑设计研究院有限公司，注册资本人民币 5000 万元。2011 年 11 月，被批准成为北京市"高新技术企业"。

清华大学建筑设计研究院依托于清华大学深厚广博的学术、科研和教学资源，作为建筑学院、土木水利学院等院系教学、科研和实践相结合的基地，十分重视学术研究与科技成果的转化，规划设计水平在国内名列前茅。2011 年，被中国勘察设计协会审定为"全国建筑设计行业诚信单位"。2012 年 10 月，被中国建筑学会评为"当代中国建筑设计百家名院"。

清华大学建筑设计研究院现有工程设计人员 1000 余人，其中中国科学院、中国工程院院士 3 人，勘察设计大师 3 人，国家一级注册建筑师 142 名，一级注册结构工程师 62 名，注册公用设备工程师 34 名，注册电气工程师 15 名，人才密集、专业齐全、人员素质高、技术力量雄厚。设有六个综合性分院、七个专项研究设计分院：工程分院、城乡发展规划研究分院、文化旅游设计研究分院、建筑环境与节能设计研究分院、医疗健康工程设计研究分院、建筑产业化设计研究分院、建筑策划与设计分院，三个建筑工程综合设计所，四个由院士和大师领衔的工作室，四个建筑专业所，以及多个单专业设计研究所。作为国内久负盛名的综合设计研究院之一，清华大学建筑设计研究院业务领域涵盖各类公共与民用建筑工程设计、城市设计、居住区规划与住宅设计、城市总体规划和专项规划编制、详细规划编制、古建筑保护及复原、景观园林、室内设计、检测加固、前期可研和建筑策划研究以及工程咨询。

近年来，由清华大学建筑设计研究院设计并建成的工程已获得国家级、省部级优秀设计奖达三百余项，位居全国甲级院前列。科研方面，清华大学建筑设计研究院完成了中国南极中山站、长城站、昆仑站的站房建筑设计工作；主编及参编了多项国家、地方及行业标准；轻钢构架剪力墙结构体系研究课题也已获得发明专利。学术方面，主编了《建筑设计资料集》第二分册，参编了《建筑学名词》；作为产学研的平台，自 2011 年起建立了教育部全日制专业学位硕士研究生联合培养基地。管理方面，已获得中国（CNAS）和英国（UKAS）质量管理体系认证证书。

清华大学建筑设计研究院积极发展国际间的交流与合作，与法国、美国、日本、德国、澳大利亚、韩国以及中国香港等十几个国家和地区的高等学校、科研机构、设计单位和业主有着良好的合作关系。

成立至今，清华大学建筑设计研究院始终严把质量关，秉承"精心设计、创作精品、超越自我、创建一流"的奋斗目标，热忱地为国内外社会各界提供优质的设计和服务。我们的队伍是年轻的、充满活力的，如果说建筑是一座城市的文化标签，我们的建筑师将用流畅的线条勾勒她，灵魂的笔触描绘她，迸发的激情演绎她，目的只有一个——让世界更加美好。

About THAD

The Architectural Design and Research Institute of Tsinghua University Co., Ltd, a national architectural design institute, was founded in 1958. In November 2010, our Institute was subject to the restructuring upon the approval by the Ministry of Education and in May 2011, it was restructured as Architectural Design and Research Institute of Tsinghua University Co., Ltd with registered capital of RMB 50 million. In November 2011, it was approved as a "High-Tech Enterprise" in Beijing.

Relying on the profound academic, scientific research and teaching resources of Tsinghua University and as the base for teaching, scientific research and practice of School of Architecture and School of Civil Engineering, we have been attaching great importance to academic research and the commercialization of technological achievements with our planning and design level coming out top in China. In 2011, our Institute was accredited by China Exploration & Design Association as a "National Good Faith Unit in Architectural Design Institute". In 2012, it was appraised by Architectural Society of China as one of "Top 100 Famous Architectural Design Institutes in Contemporary China".

Currently, our institute has more than 1000 engineering design persons including 3 academicians, 3 National Design Master, 142 national Grade-A registered architects, 62 Grade-A registered structural engineers, 34 registered equipment engineers and 15 registered electrical engineers. Our institute features dense talents, complete specialties, high qualities of personnel and strong technical force. We have six architectural & construction design branches; seven research branches, including Construction Engineering Branch, Urban & Rural Development Planning & Research Branch, Cultural& Tourism Design & Research Branch, Building Environment & Energy Saving Design & Research Branch, Medical & Health Engineering Design & Research Branch, Architectural Industrialization Design & Research Branch, Architectural Programming and Design Branch; three architectural & construction design sections; four studios headed by the academicians of National Academy of Sciences and National Academy of Engineering and the national design masters; four architectural design sections as well as several single professional design institutes. As one of the comprehensive architectural design institutes enjoying a long reputation in China, we have mainly undertaken various kinds of public and civil architectural engineering designs, urban designs, the planning of residential areas and dwelling designs, preparation of overall and special urban plans, preparation of detailed plans, protection and restoration of ancient buildings, landscape gardens, indoor designs, inspection and reinforcement, early-stage feasibility study and architectural programming study, and engineering consulting.

In recent years, our Institute has won over 300 national, provincial and ministerial excellent design awards for the projects we have designed and completed, ranking in the front among nationwide Class A institutes. In scientific research, we have completed the design of the buildings for China's Zhongshan Station, Great Wall Station and Kunlun Station at the South Pole; taken charge of and participated in the preparation of many national, local and industrial standards; and obtained the invention patent for the research subject of light steel framework shear wall structure system. The TUS engineering design software independently developed by our Institute has passed national accreditation. Academically, we have edited Volume 2 of Architectural Design Data Collection and participated in the compilation of the Terminology of Architecture. As the platform for production, learning and research, we have set up the base for joint cultivation of professional degree postgraduates with the Ministry of Education since 2011. In management, we have obtained the QMS certificates of CNAS and UKAS.

Our Institute actively develops international exchanges and cooperation. We have established good cooperative relationships with colleges and universities, research institutes, design units and owners in more than ten countries and regions including France, the United States, Japan, Germany, Australia, ROK and Chinese Hong Kong.

Since its establishment, our Institute has always been laying emphasis on quality, following the struggle goal of "designing elaborately, creating fine works, transcending ourselves and striving to be first-rate", and cordially providing high-grade designs and services for all walks of life at home and abroad. Our team is young and full of energy. If architecture could be said as the cultural label of a city, our architects would outline them with smooth lines, describe them with soul thought and practice them with gusty enthusiasm, and the only aim is to make the world better.

企业构架

职能部门
经营计划部
技术质量部
人力资源部
科技发展部
行政部
信息部
财务部
企划部
大屯管理中心
《住区》编辑部

分支机构
海南分公司
成都分公司
福建分院
商丘分公司

控股公司
北京清筑华诚国际建筑咨询有限公司
清虹（上海）规划建筑设计顾问有限公司
中清大科技股份有限公司
住区文化传媒（北京）有限责任公司
北京清动互联科技有限公司

生产机构
第一分院
第二分院
第三分院
第四分院
第五分院
第六分院
工程分院
城乡发展规划研究分院
文化旅游设计研究分院
建筑环境与节能设计研究分院
医疗健康工程设计研究分院
建筑产业化设计研究分院
建筑策划与设计分院
建筑工程设计六所
建筑工程设计七所
建筑工程设计八所
建筑专业一所
建筑专业二所
建筑专业三所
建筑专业四所
绿色建筑工程设计研究所
吴良镛院士工作室
关肇邺院士工作室
李道增院士工作室
江亿院士工作室
聂建国院士工作室
张建民院士工作室
胡绍学建筑大师工作室
简盟工作室
工程咨询所
结构专业一所
文化遗产保护中心
交通设计研究所
水利水电工程设计研究所
工程设计文件审查所
清华大学建筑设计研究院有限公司-康宁翰设计集团-清尚集团联合研究中心
照明与智能化研究中心
公共建筑工程后评估中心
检测中心

Structure

FUNCTIONAL DEPARTMENT

Business Development & Project Management Dept.

Technical Support & Quality Control Dept.

Human Resource Dept.

Technology Development Dept.

Administration Dept.

IT Dept.

Financial Dept.

Branding Strategy & Public Relationship Dept.

Datun Management Center

Design Community Editorial Dept.

BRANCH

Hainan Branch

Chengdu Branch

Fujian Branch

Shangqiu Branch

HOLDING COMPANY

Beijing Tsingzhu International Architectural Consultation Ltd.

EAST

Zhong Tsing Da Science & Technology Co., Ltd.

Design Community Culture Media (Beijing) Co., Ltd.

Beijing Kido Innovation Tech Co.,Ltd.

PRODUCTION INSTITUTIONS

Architectural & Construction Design Branch 1

Architectural & Construction Design Branch 2

Architectural & Construction Design Branch 3

Architectural & Construction Design Branch 4

Architectural & Construction Design Branch 5

Architectural & Construction Design Branch 6

Construction Engineering Branch

Urban & Rural Development Planning & Research Branch

Cultural & Tourism Design & Research Branch

Building Environment & Energy Saving Design & Research Branch

Medical & Health Engineering Design & Research Branch

Architectural Industrialization Design & Research Branch

Architectural Programming and Design Branch

No.6 Architectural & Construction Design Section

No.7 Architectural & Construction Design Section

No.8 Architectural & Construction Design Section

No.1 Architectural Design Section

No.2 Architectural Design Section

No.3 Architectural Design Section

No.4 Architectural Design Section

Green Building Construction & Design Section

Academician Wu Liangyong Studio

Academician Guan Zhaoye Studio

Academician Li Daozeng Studio

Academician Jiang Yi Studio

Academician Nie Jianguo Studio

Academician Zhang Jianmin Studio

Master Hu Shaoxue Studio

TEAMMINUS

Engineering Consulting Office

No.1 Structural Division

Cultural Heritage Conservation Center

Transportation Design & Research Office

Hydraulic & Hydro-Power Engineering Design & Research Office

Beijing Tsingzhu International Architectural Consultation Ltd.

Tsinghua Cuningham Research Center

Lighting & Intelligent Research Center

Post-Occupancy Evaluation Center for Public Building

Testing Center

目录 / CULTURE 文化

- **012** 清华大学百年会堂 / Tsinghua University Century Hall
- **018** 国家会展中心（上海）/ National Exhibition and Convention Center (Shanghai)
- **024** 中国美术馆改造装修工程 / Reconstruction Project of China Art Gallery
- **028** 渭南文化艺术中心 / Weinan Culture and Art Center
- **034** 河北省博物馆 / Hebei Provincial Museum
- **038** 武钢钢铁博物馆 / Museum of Wuhan Lron and Steel Group
- **042** 山东曲阜孔子研究院 / Research Institute of Confucianism in Qufu, Shandong Province
- **044** 徐州美术馆 / Xuzhou Art Gallery
- **048** 徐州音乐厅 / Xuzhou Concert Hall
- **054** 嘉那玛尼游客到访中心 / Jianamani Tourist Center
- **060** 山东省日照市岚山区文化中心 / Shandong Rizhao Lanshan District Cultural Center
- **066** 台州博物馆和规划展馆 / Taizhou Museum and Planning Exhibition Hall
- **070** 台州市图书馆 / Taizhou Municipal Library
- **074** 台州市文化艺术中心 / Taizhou Cultural and Artistic Center
- **076** 华山论坛及生态广场 / Huashan Forum and Ecological Plaza
- **080** 钟祥市博物馆 / Zhongxiang Municipal Museum
- **084** 仰韶文化博物馆 / Yangshao Culture Museum
- **088** 徐州汉画像石解密馆 / Xuzhou Han Dynasty Stone Carvings Hall
- **092** 贵州省博物馆新馆 / Guizhou Museum New Hall
- **096** 桂林大剧院、图书馆、博物馆 / Guilin Grand Opera, Library and Museum
- **102** 成都金沙遗址博物馆 / Chengdu Jinsha Relics Museum
- **106** 洛阳会展中心 / Luoyang Convention and Exhibition Center

教育 / EDUCATION

- **112** 清华大学图书馆（三期）/ Tsinghua University Library（3）
- **116** 清华大学图书馆（四期）/ Tsinghua University Library（4）
- **122** 北京大学图书馆新馆及旧馆改造 / New library & reconstruction for the brown field of Peking University
- **124** 东北大学浑南校区文科二楼 / Northeastern University Hunnan Campus Literal Arts Building No.2
- **128** 清华大学理学院 / School of Science, Tsinghua University
- **132** 清华大学理化楼 / Chemistry Department of Tsinghua University
- **134** 清华医学科学研究院 / Tsinghua Medical Science Institute
- **138** 清华大学设计中心楼 / Design Center Building of Tsinghua University
- **142** 清华大学建筑馆扩建工程 / Tsinghua University, School of Architecture Extension
- **146** 清华大学西阶教室 / Xijie Auditorium, Tsinghua University
- **150** 北京市天主教神哲学院 / Beijing Catholic Philosophy College
- **152** 汶川映秀中学 / Yingxiu High School
- **156** 延安学习书院 / Yan'an Study Academy
- **160** 金昌市图书馆 / Jinchang Library
- **164** 西安欧亚学院图书馆 / Xi'an Eurasia College Library
- **168** 郑州大学新校区人文社科学院 / School of Humanities, Social Sciences Zhengzhou University
- **170** 新疆大学科学技术学院 / College of Science & Technology, Xinjiang University
- **174** 北京中医药大学良乡校区 / Beijing University of Chinese Medicine Liangxiang Campus

体育 医疗 旅游 / SPORTS MEDICINE TOURISM

- **180** 北京科技大学体育馆 / Beijing Science & Technology University Gymnasium
- **184** 2008年北京奥运会射击馆 / Beijing Shooting Range Hall
- **188** 2008年北京奥运会射击场飞碟靶场 / Beijing Shooting Range Clay Target Field
- **192** 清华大学综合体育中心 / Sports Center of Tsinghua University
- **194** 武钢体育公园 / Wuhan Steel Group Sports Park

CONTENTS

198 洛阳新区体育中心 Luoyang New District Sports Center	252 中国工程院办公楼 Chinese Academy of Engineering Office Building	312 北京九章别墅 Beijing Jiuzhang Villa
202 乔波冰雪世界会议中心 Qiaobo Ice and Snow Word Conference Center	256 中国极地考察"十五"能力建设中山站工程 Zhongshan Station of Antarvtica, China	316 天津渤龙湖总部基地生态居住区 Tianjin Bolonghu Headquarters Base Eco-Housing District
204 北京清华长庚医院 Beijing Tsinghua Changgung Hospital	260 国家电网电力科技馆综合体 State Grid Electric Power Science and Technology Museum Complex	322 怀柔龙山御景 Huairou Longshanyujing
208 承德医学院附属医院 Affiliated Hospital of Chengde Medical University	264 华能石岛湾核电厂厂前区建筑 Huaneng Shidaowan Nuclear Power Plant Office Building	324 南京江宁万达公馆 Nanjing Jiangning Wanda Residence
212 北京老年医院医疗综合楼 Beijing Geriatric Hospital Medical Complex Building	268 大连理工大学创新大厦 Dalian University of Technology Innovation Building	326 上海锦绣江南家园 Jinxiu Jiangnan Residential Area in Shanghai
214 徐州中心医院内科医技大楼 Xuzhou Central Hospital Medical Technology Building	272 教育部综合办公楼 Office Building of Ministry of Education	328 百旺·茉莉园 Baiwang Jasmine Garden
216 丹东市第一医院 Dandong First Municipal Hospital	276 上海焦点生物技术研发中心 Shanghai Focus Biotechnology Research & Development Center	330 北京园博府 Beijing Yuanbo Residence
220 钓鱼台国宾馆 3 号楼 Diaoyutai National Guest House Building No.3	280 先正达生物科技研究实验室 Syngenta Group Bio-tech Lab	332 学清苑 Xueqing Garden
224 北京奥林匹克公园中心区下沉花园 2 号院 Beijing Olympic Park Sunken Garden No.2	284 中国驻印度尼西亚使馆经商处新馆 Economic and Commercial Office of China Embassy in Indonesia	**遗产保护** **HERITAGE PROTECTION**
228 大同古城墙东段 Datong City Wall East Part	288 联合国工业发展组织国际太阳能技术促进转让中心 UNIDO Solar Energy Technology Center	338 清华大学大礼堂 Tsinghua University Main Auditorium
232 刘海胡同 33 号院 Courtyard 33 Liuhai Alley	**居住** **HOUSING**	342 清华学堂 Tsinghua School
236 北京园博园永定塔、永定阁 Beijing Garden Expo Yongding Tower and Pavilion	292 北京菊儿胡同新四合院住宅 New Quadrangle Residential Area in Beijing Ju'er Hutong	346 清华大学工字厅保护修缮工程 President's Office of Tsinghua University
办公 科研 **OFFICE RESEARCH**	296 清华大学专家公寓 Experts' Apartment of Tsinghua University	348 北京国会旧址 Beijing Congress Slte
242 玉树州行政中心 Yushu State Administration Center	300 APEC 峰会雁栖湖红双喜别墅——鹿鸣居 APEC Site Hongshuangxi Villa	352 布达拉宫雪城斋康珍宝馆 Potala Palace Treasure Hall
248 清华科技园科技大厦 Technology Building of Tsinghua Science Park	306 钓鱼台 7 号院 Diaoyutai Courtyard No.7	356 恭王府 Prince Gong Mansion
		360 杭州雷峰新塔 New Leifeng Tower
		362 北京大学海淀校区文物保护规划 Conservation Planning of Peking University

文化

清华大学百年会堂

国家会展中心（上海）

中国美术馆改造装修工程

渭南文化艺术中心

河北省博物馆

武钢钢铁博物馆

山东曲阜孔子研究院

徐州美术馆

徐州音乐厅

嘉那玛尼游客到访中心

山东省日照市岚山区文化中心

台州博物馆和规划展馆

台州市图书馆

台州市文化艺术中心

华山论坛及生态广场

钟祥市博物馆

仰韶文化博物馆

徐州汉画像石解密馆

贵州省博物馆新馆

桂林大剧院、图书馆、博物馆

成都金沙遗址博物馆

洛阳会展中心

CULTURE

Tsinghua University Century Hall

National Exhibition and Convention Center (Shanghai)

Reconstruction Project of China Art Gallery

Weinan Culture and Art Center

Hebei Provincial Museum

Museum of Wuhan Lron and Steel Group

Research Institute of Confucianism in Qufu, Shandong Province

Xuzhou Art Gallery

Xuzhou Concert Hall

Jianamani Tourist Center

Shandong Rizhao Lanshan District Cultural Center

Taizhou Museum and Planning Exhibition Hall

Taizhou Municipal Library

Taizhou Cultural and Artistic Center

Huashan Forum and Ecological Plaza

Zhongxiang Municipal Museum

Yangshao Culture Museum

Xuzhou Han Dynasty Stone Carvings Hall

Guizhou Museum New Hall

Guilin Grand Opera, Library and Museum

Chengdu Jinsha Relics Museum

Luoyang Convention and Exhibition Center

清华大学百年会堂
Tsinghua University Century Hall

建设地址	北京市
建设单位	清华大学
用地面积	2.61hm²
建筑面积	42950.5m²
合作单位	清华大学建筑学院
设计时间	2007～2009
竣工时间	12/2011
获奖情况	2012年度中国建筑学会建筑设计奖（建筑创作）
	2013年度教育部优秀工程设计奖

Location	Beijing
Client	Tsinghua University
Site Area	2.61hm²
Floor Area	42950.5m²
Cooperation	School of Architecture, Tsinghua University
Design Period	2007~2009
Completion Date	12/2011

清华大学百年会堂是为纪念清华建校一百周年而建的一组集会议、表演、展览于一体的综合性建筑群，内容包含：2011座的剧场兼多功能会堂、522座的音乐厅、清华大学校史馆以及其他附属设施。地上建筑面积31720m²，地下建筑面积11230.5m²。

项目位于清华校园核心位置，这里是清华新旧区域的分界和交汇点，百年会堂既蕴含了清华不同时期的历史文化积淀，又是承载清华新百年新起点的标志性建筑。设计上追求新意，在常态形体中创造不寻常的艺术组合。大剧场为圆弧形斜墙面，以有规律的等腰三角形格网划分，组合成韵律感极强的立面效果，既有丰富的光影层次，也增添了剧场华贵欢快的气氛。

项目总体设计内容包含土建设计、声学设计、室内装修、舞台工艺设计、室外管网和景观设计。

国家会展中心（上海）
National Exhibition and Convention Center (Shanghai)

建设地址	上海市青浦区
建设单位	上海博览会有限责任公司
用地面积	85.6hm²
建筑面积	142.25hm²
合作单位	华东建筑设计研究院有限公司
设计时间	01/2012 ~ 12/2013
竣工时间	12/2014
获奖情况	2012年获首都第十九届规划设计方案汇报展方案设计优秀奖
	2015年度上海市优秀工程设计一等奖
	2017年获中国建筑学会建筑师分会建筑创作奖公共建筑类银奖

Location	Qingpu District, Shanghai
Client	Shanghai Exposition Company
Site Area	85.6hm²
Floor Area	142.25 hm²
Cooperation	East China Institute of Architectural Design & Research Co., Ltd
Design Period	01/2012~12/2013
Completion Date	12/2014

国家会展中心（上海）综合体项目（北块）位于上海市西部，北至崧泽高架路南侧红线，南至盈港东路北侧红线，西至诸光路东侧红线，东至涞港路西侧红线。用地面积85.6hm²。总建筑面积约142.25hm²，其中地上建筑面积124.45hm²，地下建筑面积17.8 hm²，建筑高度43m。会展综合体可以提供50 hm²的展览空间，其中包括10 hm²室外展场，作为世界上规模最大、最具竞争力的国际一流会展综合体之一，作为新时期我国商务发展战略布局的重要组成，将在拓展世界市场和国际贸易、展现国家综合实力中发挥重要作用。

中国美术馆改造装修工程
Reconstruction Project of China Art Gallery

建设地址	北京市
建筑面积	22379m²
设计时间	2002
竣工时间	2003
获奖情况	2005年度教育部优秀建筑设计一等奖
	2005年度建设部优秀勘察设计评选一等奖
	2006年度全国优秀工程勘察设计金奖

Location	Beijing
Floor Area	22379m²
Design Period	2002
Completion Date	2003

中国美术馆原主楼由戴念慈先生主持设计,竣工于1962年,原面积17051 m²,是国际上80个著名美术馆之一。本次改扩建工程设计在保持外立面风格的基础上,提高装饰标准,完善总平面及功能分区,优化观展及交通流线,优化陈展方式及观展序列,新增两个专题展室和多功能展厅,并通过内部空间整合,将展厅由14个增加到21个,进行了结构加固,并改造或增加展厅照明系统、空调系统、建筑设备监控系统及消防、安防系统。在主楼北侧新建区,最大限度地保留了原有树木,将原东西外廊打开,露出原设计的竹园,既丰富了东西立面景观,增加了层次,又体现了原设计的思想。改造后的美术馆体现了历史性、文化性和厚重感,庭院绿荫成片,竹林环抱,环境幽雅。

渭南文化艺术中心
Weinan Culture and Art Center

建设地址	陕西省渭南市
建设单位	渭南市文化局
用地面积	4hm²
建筑面积	33942m²
设计时间	2009
竣工时间	2014

Location	Weinan, Shaanxi Province
Client	Weinan Culture Bureau
Site Area	4hm²
Floor Area	33942m²
Design Period	2009
Completion Date	2014

渭南地处关中平原东部，以在渭水之南得名。渭南人文气息深厚，是《诗经》开篇之作《关雎》的诞生地，也是太史公司马迁的故乡。渭南市文化艺术中心包括大剧院（1200座）、多功能厅（非遗展示传习中心）、影城和培训楼等内容，总建筑面积约3.4万m²。设计以非对称布局方式，弱化主轴线的呆板，活跃建筑的群体感，三幢建筑各成方向，相互对话，共同营造文化的场所感。三座建筑的外墙材料分别采用关中传统的青砖、石材和现代的玻璃幕墙，表面作了凸凹的变化，材质的鲜明对比产生强烈的视觉冲突，传统和时代的对话提升了建筑的场所感。立面上的斜线关系实际上是和文化行政中心区的大绿地肌理有所呼应，由墙面延伸下来与地面融合，再与绿地景观形成一种逻辑和肌理关系。建筑的场地规整，通过不规则的地景和水池设计，活化了场地的灵性。大剧场建筑将整体长100m、高22m的青砖墙体作为幕布，使用型钢作为笔墨，挥洒泼墨勾勒出抽象的皮影戏曲人物。通过青砖凸凹变化，形成丰富的建筑表情。

总平面图

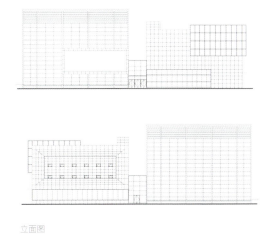

立面图

河北省博物馆
Hebei Provincial Museum

建设地址	河北省石家庄市
建设单位	河北省博物馆
用地面积	78548m²
建筑面积	33100m²（扩建新馆）
合作单位	河北省建筑设计研究院有限责任公司
设计时间	2006~2007
竣工时间	08/2011
获奖情况	2013年度全国优秀工程设计行业奖

Location	Shijiazhuang, Hebei Province
Client	Hebei Provincial Museum
Site Area	78548m²
Floor Area	33100m²
Cooperation	Hebei Provincial Architectural Design and Research Institute Co., Ltd.
Design Period	2006~2007
Completion Date	08/2011

河北省博物馆项目位于石家庄市中心区域，北临中山路，南临范西路，东临东大街，西临西大街。新建博物馆位于原有博物馆南侧，老馆与新馆通过共享空间连接成为一个整体。博物馆南侧与新近落成的河北省图书馆、文化广场相对应，共同形成空间连续的文化建筑群体。目前在我国如何在历史建筑相邻区域进行新的建设，从而延续区域的文化活力，保持区域的生命力成为新的课题。此类项目也是目前国际上可持续发展、有机更新中最受重视且有研究价值的课题。"和谐"是本方案的核心设计思想。这是我国自古以来最核心的价值观，事物均应在和谐的状态下存在，同时又在此前提下表现其个体的特性。这不仅表现在人与自然的关系，社会成员间的关系，亦表现在建筑物与其环境的关系，相邻建筑间的关系，以及建筑局部与整体间的关系等。本设计提供了弘扬城市历史文脉，满足当代需求的建筑范例，高大的休息大厅作为新老馆之间的连接体，由老馆、休息大厅、新馆形成明确的南北轴线。河北省博物馆项目在尊重环境、完善功能、节能环保、运用先进建筑设计理念以创造和谐建成环境等方面，是一次卓有成效的成果实践。

武钢钢铁博物馆
Museum of Wuhan Lron and Steel Group

建设地址	湖北省武汉市
建设单位	武汉钢铁（集团）公司
用地面积	9520.2m²
建筑面积	约 13000m²
合作单位	北京三和创新建筑师事务所
设计时间	12/2006～09/2008
竣工时间	05/2009
获奖情况	中国建筑学会建筑创作大奖
	2011年度教育部优秀工程勘察设计奖一等奖
	2011年度全国优秀工程勘察设计行业奖一等奖

Location	Wuhan, Hubei Province
Client	Wuhan Iron and Steel (Group) Corp.
Site Area	9520.2m²
Floor Area	about 13000m²
Cooperation	Beijing Sanhe Creative Architects Studio
Design Period	12/2006~09/2008
Completion Date	05/2009

2008年，为庆祝武汉钢铁（集团）公司成立50周年，特将原武钢剧院改造成集展示陈列、科学教育于一体的场所——武钢钢铁博物馆。该项目位于武汉市青山区冶金100街坊，地上总建筑面积约11800m²，地上3层，局部4层，钢框架结构。室内设计通过互相穿插流通的室内空间、屋顶天光及走廊、天桥来营造"超三维"的空间感受。外饰面材料为金属幕墙，引起人们对钢铁的联想。

山东曲阜孔子研究院
Research Institute of Confucianism in Qufu, Shandong Province

建设地址	山东曲阜
建筑面积	19268m²
合作单位	清华大学建筑学院
设计时间	一期 1997 年，二期 2005 年
竣工时间	一期 1999 年，二期在建
获奖情况	1999 年北京市建筑装饰成就展优秀建筑装饰设计奖 中国建筑学会 2006 年第四届建筑创作奖评选"优秀奖"

Location	Qufu, Shandong Province
Floor Area	19268m²
Cooperation	School of Architecture, Tsinghua University
Design Period	1997 Period 1, 2005 Period 2
Completion Date	1999 Period 1, Undergoing Period 2

孔子研究院院址位于孔庙神道延伸线的西侧，南临小沂河公园；西至仓庚路以东；北靠逵泉路；东以大成路为界。孔子研究院一、二期总建筑面积 19268m²，一期工程建筑面积 13862m²，于 1997 年 12 月完成设计，二期工程位于一期工程的西南侧。一期建筑是一组集资料研究、人才培训、展览收集为一体的综合性博览建筑。该组建筑总体布局借鉴中国传统概念并利用现有条件，使建筑群体具有象征性、纪念性的文化内涵，与当地环境完美结合。二期主要建筑功能为会议及研究中心。以辟雍广场为中心，通过 1、2、3、4 号长廊形成贯穿东西南北的十字轴线，一期工程坐北朝南，位于南北轴线的北端；二期工程位于东西轴线的西端，以 1、2 号廊与一期工程相连接，并在设计风格上与一期工程相统一。

徐州美术馆
Xuzhou Art Gallery

建设地址	江苏省徐州市
建设单位	徐州日报社
用地面积	18827m²
建筑面积	23114m²
设计时间	11/2007 ~ 03/2008
竣工时间	08/2010
获奖情况	2011年度第六届中国建筑学会建筑创作优秀奖
	2011年度教育部优秀建筑工程设计一等奖

Location	Xuzhou, Jiangsu Province
Client	Xuzhou Daily News
Site Area	18827m²
Floor Area	23114m²
Design Period	11/2007~03/2008
Completion Date	08/2010

美术馆的设计思路以公共交往空间为主线，形成了独具特色的空间构成。首层面向城市广场设置建筑主入口，设有门厅、临时展厅、多功能报告厅等公共空间，还有艺术培训、艺术交流、艺术家工作室等面向大众的艺术活动空间。美术馆的主要展厅位于三、四层，展厅划分成不同段落，利用开敞的外廊和局部休息段落，形成交往空间，公共活动空间延伸到了展厅之间，兼有观景和休息功能，观展流线连贯而富有节奏变化。外部长廊既有观景功能又有对外展示功能，这里可以举行开放性公共艺术展示，让普通人有机会走入艺术的殿堂。建筑以平和的姿态，容纳着市民的参与，包容着博大的自然与艺术。

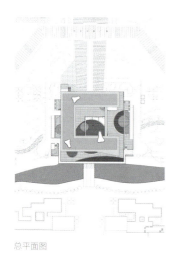

总平面图

THAD 文化

首层平面图

徐州音乐厅
Xuzhou Concert Hall

建设地址	江苏省徐州市
建设单位	徐州广播电视台
用地面积	4.01hm²
建筑面积	13300m²
设计时间	2007～2008
竣工时间	10/2010
获奖情况	2010年度中国建筑学会室内设计分会设计二等奖
	2011年度十佳公共空间设计作品"金堂奖"

Location	Xuzhou, Jiangsu Province
Client	Xuzhou Radio and TV Station
Site Area	4.01hm²
Floor Area	13300m²
Design Period	2007~2008
Completion Date	10/2010

音乐厅位于徐州市风景秀丽的云龙湖畔，围湖造地，三面环水。周围湖光山色，景色优美。音乐厅外形以徐州市花紫薇花为创作原型，设置八片形如花瓣的幕墙，建筑形态婀娜轻盈，宛若在水中盛开的花朵。室外演出广场借景云龙山，山、水、建筑融为一体。音乐厅主体为容纳1000座的观众厅，围绕观众厅设置三层观景平台，将云龙山、云龙湖的景色延伸至室内。音乐厅舞台后方设置了观景玻璃幕，自然的湖光山水可作为演出的背景使用，给剧场提供富有特色的表现手段。

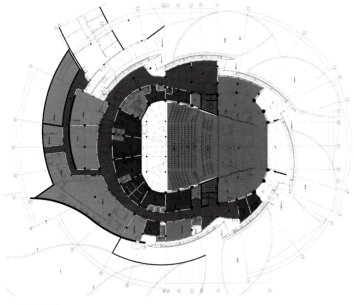

首层平面图

嘉那玛尼游客到访中心
Jianamani Tourist Center

建设地址	青海省玉树藏族自治州
建设单位	北京城建建设工程有限公司玉树援建工程项目承包部
用地面积	3590.9m²
建筑面积	1146.7m²
设计时间	09/2010 ~ 10/2011
竣工时间	11/2012
获奖情况	英国 AR+D AWARDS FOR EMERGING ARCHITECTURE 2013 年度人居经典竞赛建筑金奖

Location	Yushu Tibetan Autonomous Prefecture, Qinghai Province
Client	Contracting Office of Yushu Aided Projects, Beijing Urban Construction Engineering Co., Ltd
Site Area	3590.9m²
Floor Area	1146.7m²
Design Period	09/2010~10/2011
Completion Date	11/2012

嘉那玛尼访客中心是玉树震后援建十大重点建筑之一。它邻近青海玉树新寨的重要文化遗产、世界最大的玛尼堆——嘉那玛尼石堆（又称嘉那玛尼石经城），建筑以当地传统的石材砌体为主要材料，辅以木材及金属构件，为日后参观嘉那玛尼石经城的游客提供信息、休憩、邮政、医护等基本服务。嘉那玛尼访客中心由中心的正方形建筑主体及围绕在周围的十一个眺望平台组成，整体平面表达了藏传佛教曼陀罗的意象。每一个眺望平台指向一个与嘉那玛尼文化相关的重要历史或自然景观位置，包括神山、道场、玛尼石及嘉那道丹松曲帕旺自修处等。通过这种设计，嘉那玛尼访客中心实现了以小见大的设计理念，为到访者提供了一个概括了解嘉那玛尼历史文化的机会。

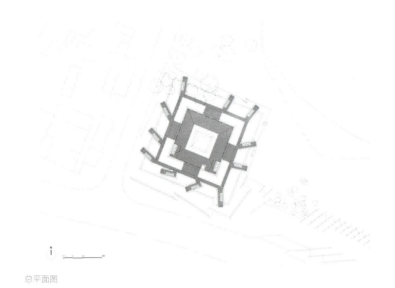

总平面图

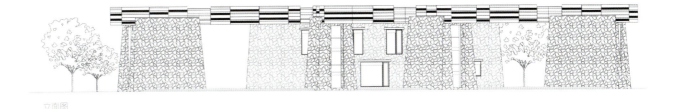

立面图

山东省日照市岚山区文化中心
Shandong Rizhao Lanshan District Cultural Center

建设地址	山东省日照市岚山区
建设单位	日照市海洲湾文化旅游有限公司
用地面积	13.2hm²
建筑面积	48522m²
合作单位	山东同圆设计集团有限公司
设计时间	11/2012
竣工时间	07/2016

Location	Lanshan District, Rizhao, Shandong Province
Client	Rizhao Haizhou Bay Cultural Tourism Co., Ltd.
Site Area	13.2hm²
Floor Area	48522m²
Cooperation	Shandong Tong Yuan Design Group Co., Ltd.
Design Period	11/2012
Completion Date	07/2016

山东省日照市岚山区文化中心地块位于岚山区城市公共服务轴线上，东至万斛路，南至多岛海大道，西至明珠路，北至海州路。

岚山旧址为安东卫，其与天津卫、威海卫、凌山卫一起是明朝初期沿海防御倭寇所建的四大卫城。文化中心设计构思源于对安东卫城形制的当代转译。"卫"，围也，防也，屏一方之保障。建筑平面为形制方正对称的回字形，东西南北开设四个入口，总体布局呈现"卫城"意向。建筑整体造型下半部为稳重的城墙形态，上半部为飘逸的坡屋面和轻盈通透的外廊，厚重与飘逸的对比，虚与实的对比，稳重大气中又不失轻盈飘逸，相得益彰，丰富多彩。建筑底部卫城外墙采用丫字形斜向支撑，混凝土材质彰显了建筑的稳重感。支撑间以横向铝百叶连接，与混凝土的厚重感形成对比。

卫城上部坡屋面采用金属铝格栅屋面，构造做法考究，传统精神中不时流露出当代特征。屋檐下竖向钢柱既为结构支撑体系，同时也创造出具有韵律感的形式美；钢柱后面橙色竖向百叶，若隐若现，为低调大气的整体色调增添一抹靓丽的色彩。不同材质对比凸显，同时柔和相融，巧妙的设计，使建筑浑然一体。

台州博物馆和规划展馆
Taizhou Museum and Planning Exhibition Hall

建设地址	浙江省台州市
建设单位	台州市社会发展投资有限公司
用地面积	1.311hm²
建筑面积	25383m²
设计时间	03/2009 ~ 01/2010
竣工时间	07/2015

Location	Taizhou, Zhejiang Province
Client	Taizhou Social Development and Investment Co., Ltd.
Site Area	1.311hm²
Floor Area	25383m²
Design Period	03/2009~01/2010
Completion Date	07/2015

本项目由台州市博物馆、台州市规划展览馆组成，是集文物、收藏、研究、展示、学术交流于一体的，且具有深厚文化内涵并服务于公众的公益性文化建筑。

总体设计中尊重原有中心区规划，在建筑高度、体型、大轮廓等方面与既有周边建筑相匹配。同时重视体现台州市的人文、历史、地域特征，并尝试在方案中予以重点体现。

设计中，强调时代感和时代精神，力求反映进入21世纪，建筑设计的新思维，在形态、材料、表面肌理、内外空间等方面体现出极具时代精神的现代处理手法。

平面合理布置展馆的各功能分区，满足功能要求。同时，合理规划场地流线，做到安全、有序、分流，并便于管理。室内以入口大厅为中心，组织空间立体放射式的公共参观流线。

台州市图书馆
Taizhou Municipal Library

建设地址	浙江省台州市
建设单位	浙江省台州市文体局
用地面积	12950m²
建筑面积	21230m²
设计时间	2003
竣工时间	2006

Location	Taizhou, Zhejiang Province
Client	Taizhou Sports Bureau
Site Area	12950m²
Floor Area	21230m²
Design Period	2003
Completion Date	2006

台州市图书馆在设计阶段就与相邻的市剧场设计团队商定各自在与对方相邻转角处做相同或相似的空廊架，其余部分则只要体量、高度大致相同，具体形象不限。而图书馆使用面积较剧场大得多，故设计的挑战在于外廊尺度相同的条件下，需"塞"下较多不同的使用空间。为此，本设计经过反复改进推敲，最终满足了各项要求。

其广场至前院，尺度与相邻剧场相当，院内正门为主门厅，左侧有次门厅，引入地下展厅。主门厅右侧是儿童阅览室，二层是学术报告厅。门厅左侧是图书馆的主体部分，以顶光的大楼梯间为中心，连接两旁的一、二、三层阅览室。楼梯各层设置了休息空间，可仰视正面大书架，具有鼓励努力读书的象征意义。

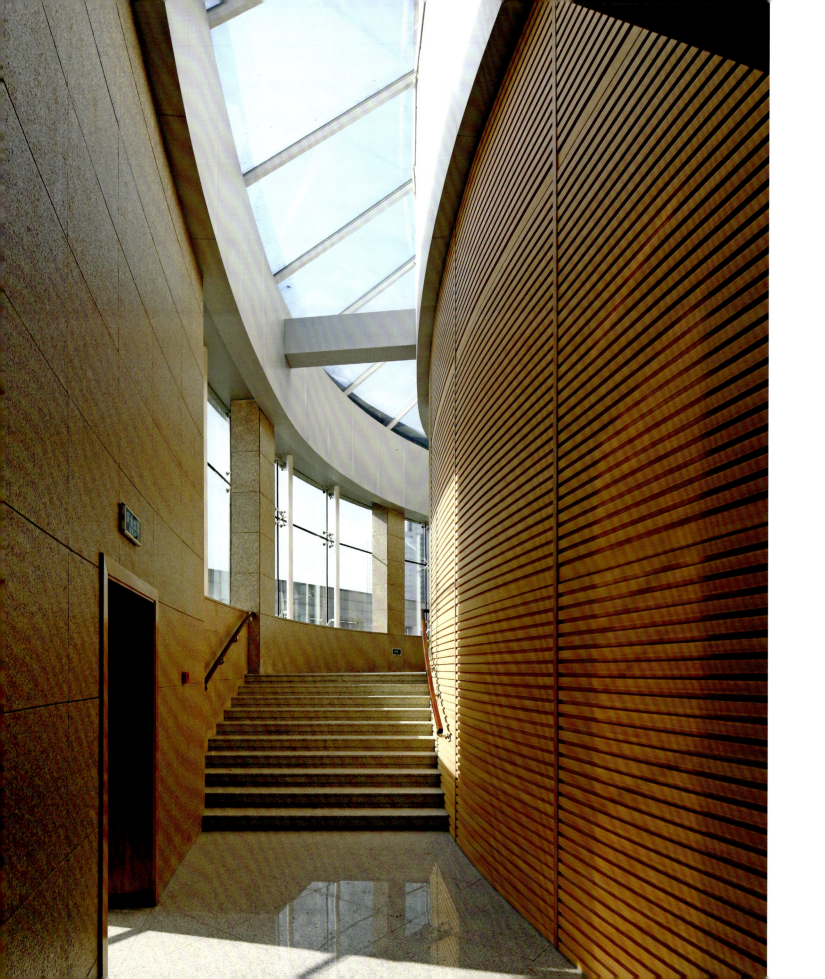

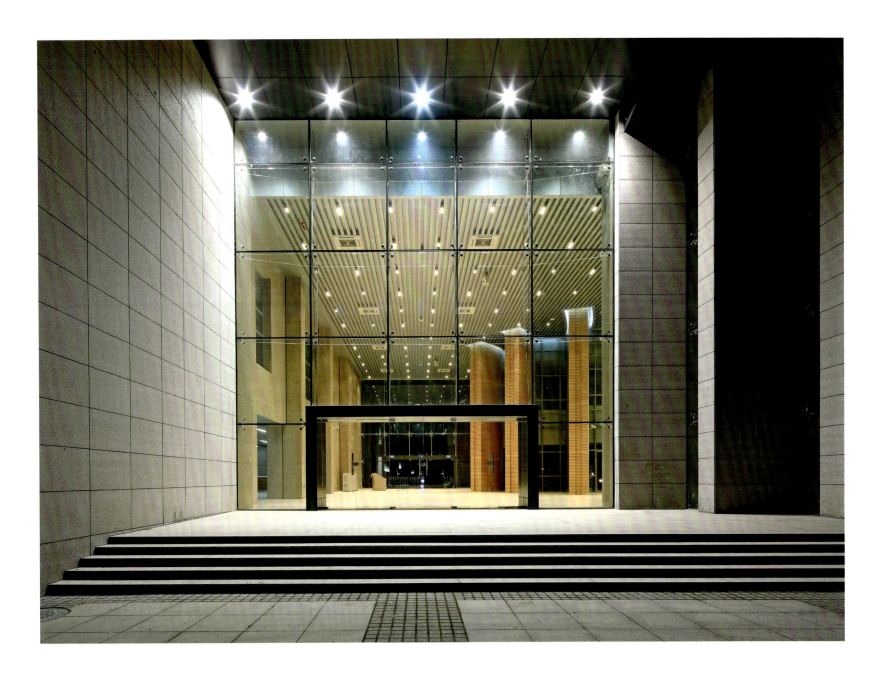

台州市文化艺术中心
Taizhou Cultural and Artistic Center

建设地址	浙江省台州市
建设单位	浙江省台州市文化局
用地面积	16638m²
建筑面积	16050m²
设计时间	07/2000
竣工时间	05/2006

Location	Taizhou, Zhejiang Province
Client	Taizhou Culture Bureau
Site Area	16638m²
Floor Area	16050m²
Design Period	07/2000
Completion Date	05/2006

本项目位于台州市新区文化广场东南侧，包括一个1080座的剧院和培训中心等一系列文化设施。

兼容并蓄 中国特色
建筑的天际线与周围山水环境的轮廓线遥相呼应，充分体现文化艺术类建筑的特征，造型活泼。使用当地石材做为主要外饰面材料，以廊、桥、墙体、内外庭院相互穿插组合成轻松自由的建筑群体，运用水面、雕塑、浮雕墙面组织外部空间，多种艺术形式的交汇融合使文化中心的艺术主题更加突出。同时重视广场上四幢建筑之间的总体协调，并利用墙、廊、统一材质等共同的造型元素创造既多样又统一的总体形象。是对以西方现代建筑语言表达中国建筑空间特质的一次探索。

理性务实 求真求美
遵循安全、实用、经济、美观的原则，结合台州实际情况，回归建筑创作的基本原点，建成节地、节资、节能的多用途文化艺术中心。运营以来，已达到全年满负荷演出并自负盈亏，与时下求大求全、求特求奇、依靠政府贴补运营的剧场形成鲜明对照。

华山论坛及生态广场
Huashan Forum and Ecological Plaza

建设地址	陕西省华阴市
建设单位	华山风景名胜区管理委员会
用地面积	40.8hm²
建筑面积	8667.5m²
合作单位	广东华玺建筑设计有限公司
设计时间	08/2008～11/2009
竣工时间	04/2011
获奖情况	2013年度教育部优秀工程设计奖一等奖

Location	Huayin, Shanxi Province
Client	Huashan Scenic Area Management Committee
Site Area	40.8hm²
Floor Area	8,667.5m²
Cooperation	Guangdong Huaxi Architectural Design Co., Ltd
Design Period	08/2008~11/2009
Completion Date	04/2011

华山游客中心项目用地位于陕西省渭南华阴市城南5km处，310国道以南，著名的国家级风景名胜区华山的北麓。用地南依华山，北侧正对华阴市迎宾大道，与迎宾大道北端的火车站遥遥相望。东、西两侧现为农田和部分散居的农户，四周视野开阔。北侧偏东约4km处为著名的文物古迹西岳庙，并在规划上通过古柏步行街与西岳庙相连。整个场地东南高，西北低，最大高差约20m。其中北侧地势较为平缓，南侧地势落差较大。

考虑到大量游客来此旅游都是为了观仰华山，而游客中心仅仅是为其观山提供必要的服务。因此，在设计立意上，整个建筑体现了宜小不宜大、宜藏不宜露的原则。建筑匍匐在华山脚下，融于用地的自然环境之中。此外，华山游客中心承担着服务游客的主要职能，是高水准的集游客集散、咨询服务、导游服务、旅游购物、餐饮及配套办公管理等功能于一体的综合性小型建筑；并且是与关中地区传统文化地位相称的具有文化内涵的重要建筑。它的建设遵循这样几个设计原则：首先，它是具有高品位和一定文化内涵的综合性建筑；其次，在规划及建筑设计上与周边环境相融共生；第三，以人为本，依托良好的自然环境，在保护华山自然风貌的前提下，为游客提供便利服务。在该项目设计中引入了独特的规划及设计理念，从而达到设计方法、技术手段和建筑艺术的统一。

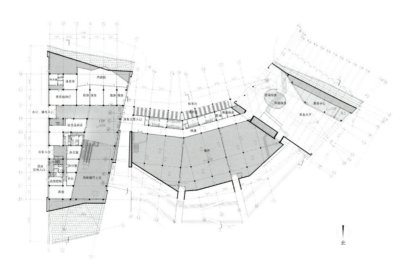

平面图

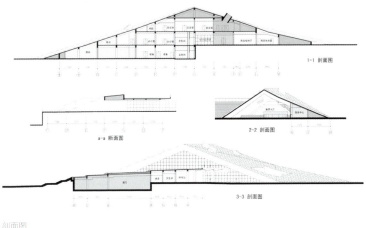

剖面图

钟祥市博物馆
Zhongxiang Municipal Museum

建设地址	湖北省钟祥市
建设单位	钟祥市文体局
用地面积	80200m²
建筑面积	5157+405m²
设计时间	10/2007
竣工时间	05/2012
获奖情况	2013年度教育部优秀工程设计奖一等奖

Location	Zhongxiang, Hubei Province
Client	Zhongxiang Municipal Culture and Sports Bureau
Site Area	80200m²
Floor Area	5157+405m²
Design Period	10/2007
Completion Date	05/2012

钟祥市博物馆位于湖北省钟祥市，北邻世界文化遗产——明显陵，西临莫愁湖，周围山丘起伏，自然景观优美。为突显出生于钟祥的嘉靖皇帝的帝王主题和明代的历史主题，设计采用汉字"明"的总体布局，"日、月"分别对应主馆和次馆，两馆之间以及围绕主馆的敞廊是可供游人穿越漫步的公共开放和室外展陈空间。

建筑师试图探讨一种将中国传统园林意境融于当代地域建筑中的设计理念，建筑外部白墙随景窗而透出内部墙体的阴影变化，在主要出入口处点缀巨大铜门，在园林气氛中体现帝王气象和亦庄亦谐的艺术效果。由于造价的制约，建筑外立面选择了大面积的白色涂料，而大面积的留白，以及黑、白、灰的色调则是对中国传统山水画意境的整体再现。

仰韶文化博物馆
Yangshao Culture Museum

建设地址	河南省渑池县
建设单位	河南省渑池县文化局
用地面积	2.046hm²
建筑面积	4543m²
设计时间	2007
竣工时间	2011

Location	Mianchi, Henan Province
Client	Cultural Bureau of Mianchi County
Site Area	2.046hm²
Floor Area	4543m²
Design Period	2007
Completion Date	2011

仰韶文化是我国新石器时代的文化之一，仰韶文化遗址博物馆建在河南渑池仰韶村遗址保护区外，与仰韶文化遗址共同形成参观、展览、收藏、研究的空间系列。

建筑基地现状由南至北有两级高台，总高差达9m，设计充分利用地形，建筑依自然地势而筑，化不利为有利，通过室内外的坡道，使不同标高的空间自然融为一体。结合基地地形，设计采用先上再下的流线来组织参观人流。该流线将室外广场、坡道空间、室外展示空间、前庭空间、室内门厅、展厅，以及作为高潮的冥思空间连接成一个整体，形成富有戏剧性的空间序列。

建筑造型使人体验到"仰韶文化"原始质朴的文化特征。以彩陶为灵感，设计以一个标志性的体量置于出入口一侧，并且作为出口处系列空间的高潮。方案设计以两片相互错动的弧形墙面、陶片的冰裂纹肌理设计，暗示出陶器的特征，达到具象与抽象的平衡点。

入口坡道的引导长墙按照容器出现的历史时期远近，以整个长墙的剖面表现出从现代的可口可乐瓶到仰韶文化时期的小口尖底瓶的倒叙历程，使参观者体验时光倒流的感觉，换一种心境进入博物馆参观。

徐州汉画像石解密馆
Xuzhou Han Dynasty Stone Carvings Hall

建设地址	江苏省徐州市
建设单位	徐州市汉文化景区风景园林管理处
用地面积	7187m²
建筑面积	2445m²
合作单位	徐州市建筑设计研究院有限责任公司
设计时间	08/2014 ~ 08/2016
竣工时间	08/2017

Location	Xuzhou, Jiangsu Province
Client	Cultural Site of Han Dynasty in Xuzhou
Site Area	7187m²
Floor Area	2445m²
Cooperation	Xuzhou Archtecture Design & Research Institute Co., Ltd.
Design Period	08/2014~08/2016
Completion Date	08/2017

汉画像石解密馆项目位于徐州汉文化景区内，选址于骆驼山南侧山脚丛林茂密处，原有植被覆盖率高，因此设计考虑利用计划拆除的建筑场地，减少对既有植被的破坏，并根据功能要求将建筑分为南北两部分，北侧体块靠近山体，顺应地形等高线方向布置，南侧体块靠近规划道路，与场地南侧的汉文化馆及湖岸线平行布局，二者之间形成的钝角入口广场朝向竹林寺的景观广场，整体体量低矮、舒展，既避免对现有沿湖界面及山体景观产生视线干扰，又使展馆主要形象开放且鲜明。建筑形象为与周边建筑的各类坡屋顶形象相协调，通过对传统"四水归堂"院落的演绎，将屋面分解为五个方形院落，通过中央天窗引入自然光线。在材料及形式语言方面，提取具有徐州地方特色的叠石手法作为立面石材的砌筑样式；楔形入口的形式来自于汉墓的抽象演绎，使参观者产生宛若深入汉墓去探索汉画像石文化的缘起及发展的心理暗示，突出项目的"解密"内涵。建筑整体形象朴拙、沉稳、含蓄，力求做到与徐州楚汉文化及山地环境相融合、共生。

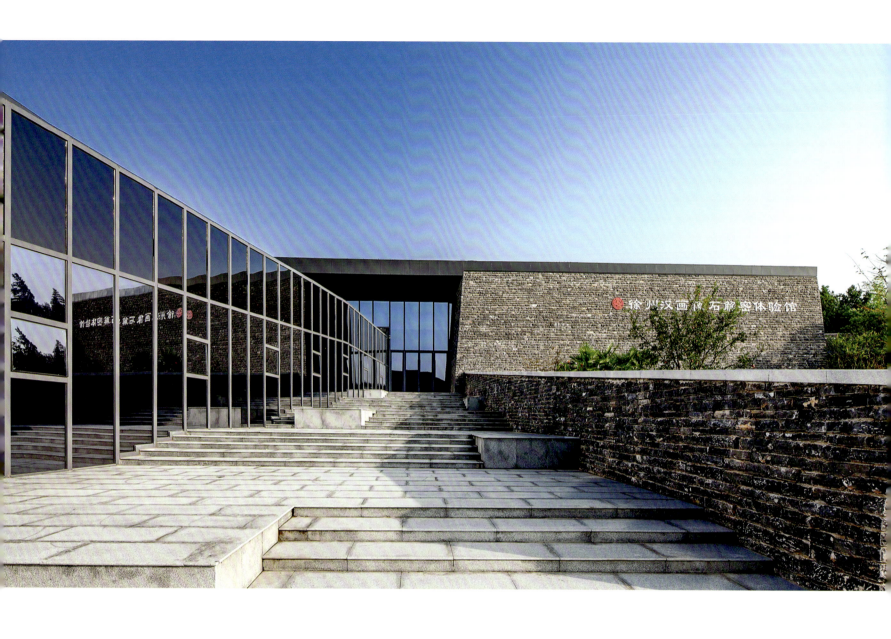

贵州省博物馆新馆
Guizhou Museum New Hall

建设地址	贵州省贵阳市
建设单位	贵州省文化厅
用地面积	54136.6m²
建筑面积	46450m²
合作单位	维邦环球建筑设计（北京）事务所
	清华大学建筑设计研究院有限公司
	贵州大学勘察设计研究院
设计时间	07/2015～07/2015
竣工时间	2016

Location	Guiyang, Guizhou Province
Client	Guizhou Provincial Cultural Department
Site Area	54136.6m²
Floor Area	46450m²
Cooperation	VBN Global Design (Beijing) Office, Architectural Design & Research Institute of Tsinghua University Co., LTD. Guizhou University Institute of Engineering Investigation & Design
Design Period	07/2015~07/2015
Completion Date	2016

规划布局：突破现有分区规划桎梏的，突出地域特色，具有国际视野和历史深度。建成项目包括：现代化地标性综合博物馆和前广场，及二期城市广场、地下文化广场以及周边的城市林地。人口规模：年访客量50万人，固定工作人员300人。生态设计：最大限度保留地块小山地形地貌，将建筑与山体有机并置共存。规划特点：自然采光、自然通风、雨水收集、建筑融入自然。

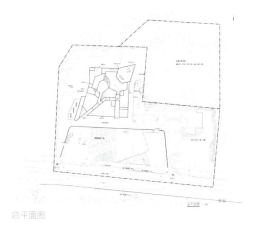
总平面图

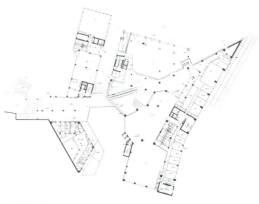

首层平面图

桂林大剧院、图书馆、博物馆
Guilin Grand Opera, Library and Museum

建设地址	广西壮族自治区桂林市
建设单位	桂林市文化产业投资有限责任公司
用地面积	11.49hm²
建筑面积	112543m²
合作单位	泛道（北京）国际设计咨询有限公司
设计时间	06/2009 ~ 03/2011
竣工时间	12/2013

Location	Guiling, Guangxi Zhuang Autonomous Region
Client	Guiling Culture Industry Investment Co., Ltd
Site Area	11.49m²
Floor Area	112543m²
Cooperation	Fandao (Beijing) International Design and Consulting Co., Ltd
Design Period	06/2009~03/2011
Completion Date	12/2013

桂林市"一院两馆"项目的建设内容包括图书馆、博物馆、大剧院及配套附属设施文化广场。其中图书馆建筑面积32475m²，地上五层，局部六层，建筑总高度35m。博物馆建筑面积34195m²，地上四层，建筑总高度39.45m。大剧院建筑面积19645m²，地下一层（局部台仓为深基坑）、地上四层（局部五层），建筑总高度45m。配套附属设施文化广场包括中心广场（停车场及设备机房）、鼓楼、风雨桥、门廊、南阙、北阙等建筑物以及室外广场、台阶、道路、水景水系及景观绿化等。作为桂林市的标志性建筑，项目具有能满足大型歌舞剧、交响乐、戏曲、话剧等多用途的演出，同时也能满足对桂林文化艺术珍品、艺术精品的收藏和陈列展示的需求，使其成为继承、发展和交流桂林民间优秀文化遗产的基地和窗口。

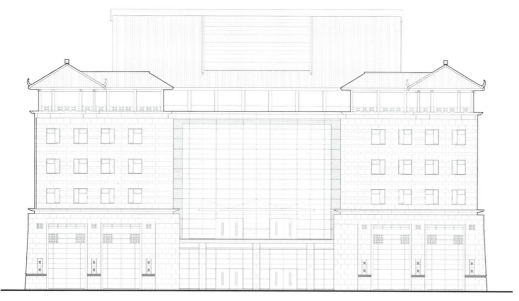

立面图

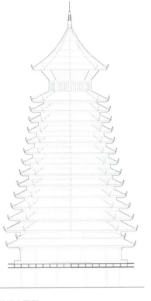 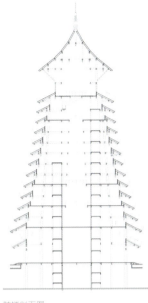

鼓楼立面图　　　鼓楼剖面图

成都金沙遗址博物馆
Chengdu Jinsha Relics Museum

建设地址	四川省成都市
用地面积	289333m²
建筑面积	36000m²
合作单位	中国航空规划建设发展有限公司
	北京中元工程设计顾问公司
	泛道（北京）国际设计咨询有限公司
设计时间	01/2005 ~ 10/2005
竣工时间	05/2007
获奖情况	第五届中国建筑学会建筑创作优秀奖
	2009年度教育部优秀勘察设计建筑设计一等奖
	2010年度行业奖（原建设部）优秀勘察设计建筑设计一等奖
	2010年度全国优秀勘察设计奖银质奖

Location	Chengdu, Sichuan Province
Site Area	289333m²
Floor Area	36000m²
Cooperation	China Aviation planning and Construction Development Co. Ltd.
	Beijing Zhongyuan Engineering Design Consultants Co., Ltd.
	Pan Tao (Beijing) International Design Consulting Co., Ltd.
Design Period	01/2005~10/2005
Completion Date	05/2007

金沙遗址博物馆位于成都西郊，占地434亩，包含遗迹馆、文物陈列馆和文物保护中心等配套设施，文物陈列馆是其主体建筑。规划方案以横贯用地东西的摸底河为横向景观轴，以南北轴线的开放空间形成纵向文化轴，入口广场为序幕，遗迹馆为发展，文物陈列馆为高潮。设计中还致力于使博物馆超越原有的收藏、展示、研究、教育等功能，更成为公众交往和社会活动的场所，使博物馆在市民生活中更加鲜活。同时为了减少博物馆建成后的财政负担，设计考虑了陈列馆内部公共空间的多种利用可能，如新闻发布会、时装走秀甚至企业酒会等多种方式，使公共空间的利用在更加多元化的同时尽可能创造收益，使以馆养馆成为可能。通过金沙遗址博物馆项目，我们尝试了一种不同于纯粹的郊野遗址博物馆或城市建成环境博物馆的设计策略，探索了一条新的道路。建筑建成后取得了很好的社会效益，获得了文物界和建筑界的好评。金沙遗址博物馆成了成都市的新名片。

洛阳会展中心
Luoyang Convention and Exhibition Center

建设地址	河南省洛阳市
建设单位	洛阳源会建设投资有限公司
用地面积	8.52hm²
建筑面积	101606m²
设计时间	05/2009 ~ 11/2009
竣工时间	03/2012
获奖情况	2014年全国人居经典建筑规划设计竞赛建筑金奖

Location	Luoyang, Henan Province
Client	Luoyang Source Construction Investment Co., Ltd
Site Area	8.52hm²
Floor Area	101606m²
Design Period	05/2009~11/2009
Completion Date	03/2012

洛阳会展中心项目建设地块位于洛阳市新区体育中心内，地上主要建筑功能包括会展大厅、人力资源市场、规划展览馆以及五层附属办公楼，地下部分为设备机房和部分商业用房。立面处理强调体育建筑的鲜明个性，建筑主色调呈金属灰色，采用水平尺度的玻璃幕墙与看台混凝土结构构件以及屋面预应力斜拉结构形成对比，展现清晰的结构逻辑，展现体育建筑的力与美。该项目为洛阳市最大规模单体建筑，已成为洛阳新区的重要标志性建筑。

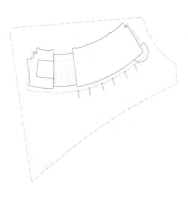

总平面图

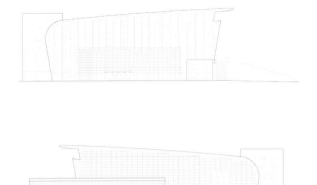

立面图

教育

清华大学图书馆（三期）
清华大学图书馆（四期）
北京大学图书馆新馆及旧馆改造
东北大学浑南校区文科二楼
清华大学理学院
清华大学理化楼
清华医学科学研究院
清华大学设计中心楼
清华大学建筑馆扩建工程
清华大学西阶教室
北京市天主教神哲学院
汶川映秀中学
延安学习书院
金昌市图书馆
西安欧亚学院图书馆
郑州大学新校区人文社科学院
新疆大学科学技术学院
北京中医药大学良乡校区

EDUCATION

Tsinghua University Library（3）

Tsinghua University Library（4）

New library & reconstruction for the brown field of Peking University

Northeastern University Hunnan Campus Literal Arts Building No.2

School of Science, Tsinghua University

Chemistry Department of Tsinghua University

Tsinghua Medical Science Institute

Design Center Building of Tsinghua University

Tsinghua University, School of Architecture Extension

Xijie Auditorium, Tsinghua University

Beijing Catholic Philosophy College

Yingxiu High School

Yan'an Study Academy

Jinchang Library

Xi'an Eurasia College Library

School of Humanities, Social Sciences Zhengzhou University

College of Science & Technology, Xinjiang University

Beijing University of Chinese Medicine Liangxiang Campus

清华大学图书馆（三期）
Tsinghua University Library（3）

建设地址	清华大学校园内
建筑面积	20120m²
合作单位	清华大学建筑学院
设计时间	1987
竣工时间	1991
获奖情况	1993年国家优秀工程设计金奖
	建设部1993年度城乡建设优秀设计一等奖
	教育部1993年度优秀工程设计一等奖
	中国建筑学会1993年度建筑创作奖
	1994年首都建筑设计汇报展"十佳"建筑方案
	2001年获"90年代北京市十大建筑"称号
	1992年教育部邵逸夫赠款项目优秀工程一等奖

Location	Tsinghua University
Floor Area	20120m²
Cooperation	School of Architecture, Tsinghua University
Design Period	1987
Completion Date	1991

清华大学图书馆新馆位于清华园的中心区，与1919年及1931年两次建成的老图书馆连成一体，成为校园中心地带最大的建筑。新馆设计充分遵循"尊重历史、尊重环境、尊重前人创作成果"的原则，摒除自我炫耀和自我突出的意识，在体现时代精神和建筑个性的同时，努力使建筑与周围之人文环境相结合，在空间、尺度、色彩和风格上保持了清华园原有的建筑特色，富于历史的延续性但又不拘泥于原有建筑形式而透出一股时代气息。新馆以检索大厅为中心，各主要开架阅览室均围绕大厅布置。当读者步入馆门经过大楼梯进入大厅时，可透过玻璃看到四周的书架。作为进馆后第一印象，将产生进入知识宝库的心理而激发起努力读书的热情。新馆内外布局严谨，形象庄重而朴素，具有强烈的文化学术气氛。

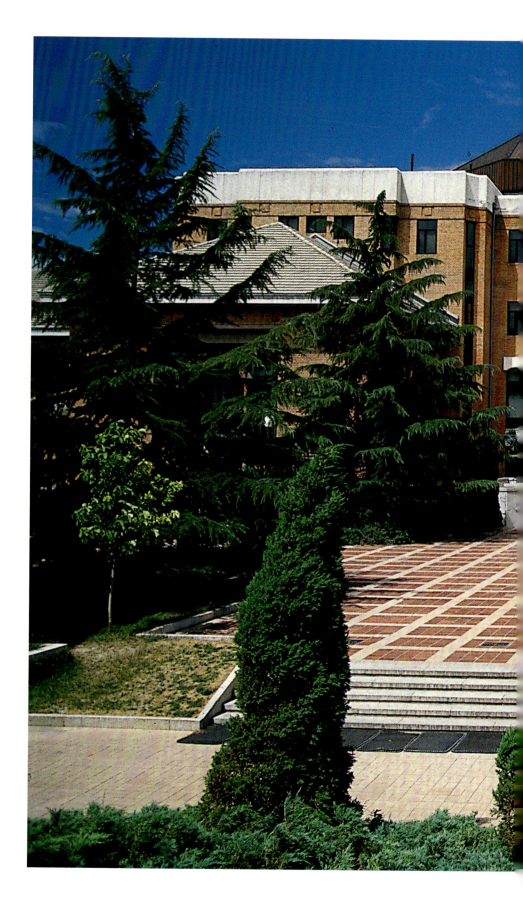

清华大学图书馆（四期）
Tsinghua University Library（4）

建设地址	清华大学校园内
用地面积	10790m²
建筑面积	14959m²
合作单位	清华大学建筑学院
设计时间	2007
竣工时间	2016

Location	Tsinghua University
	10790m²
Floor Area	14959m²
Cooperation	School of Architecture, Tsinghua University
Design Period	2007
Completion Date	2016

清华大学图书馆是清华大学校园的重要标志性建筑物。图书馆始建于1919年，由美国建筑师亨利·墨菲设计。其后经历了两次扩建：在1930年代由杨廷宝设计了第二期扩建；在1980年代由关肇邺设计了第三期扩建。启动于2007年的本设计项目是对清华图书馆建筑群的第四期扩建，位于清华大学传统中轴线北端，属于国家级重点文物保护单位项目总建筑面积14959平方米，建筑地上5层，地下2层，高度为22.30米。项目有严格的建筑风貌、高度、消防、文保等控制要求。秉承关肇邺"得体"建筑设计思想，延续对既有环境与前人设计的尊重，成功续写了清华大学图书馆建筑群的文脉，完善了适应当代大学发展的使用功能。新馆舍在功能上补充了图书馆建筑群大开间阅览室的不足，增加了展厅、咖啡厅、开放书店、小组讨论空间、研修间、古籍修复区等新的功能。自2016年建成开放以来，已成为最受清华学生喜欢的图书馆和社交场所。

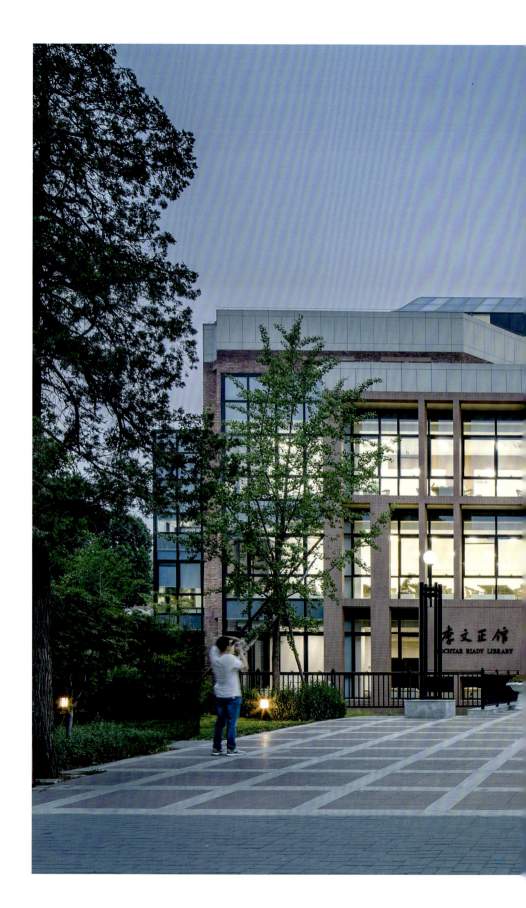

北京大学图书馆新馆及旧馆改造
New library & reconstruction for the brown field of Peking University

建设地址	北京大学校园内
建筑面积	52878m² (阅览座位4800个,藏书量600万册)
合作单位	辛迪森室内设计中心(新馆)
	中房集团建筑设计事务所(旧馆改造)
设计时间	1995~1996(新馆)
	2003~2004(旧馆改造)
竣工时间	1998(新馆),2005(旧馆改造)
获奖情况	2005年首届世界华人建筑师协会设计奖
	2000年度教育部优秀设计一等奖
	1999年第五届首都建筑设计汇报展"十佳"建筑设计方案奖
	1999年第五届首都建筑设计汇报展"优秀建筑设计方案"二等奖(一等奖空缺)
	1999年中国室内设计佳作奖
	1999年北京市第二届建筑装饰成就展"优秀建筑装饰设计奖"

Location	Peking University
Floor Area	52878m²
Cooperation	Symdison Interior Design
	ZF Architectural Design Co., Ltd.
Design Period	1995~1996(New library),
	2003~2004 (Reconstruction)
Completion Date	1998(New library)
	2005 (Reconstruction)

北京大学图书馆坐落在北京大学校园未名湖南岸。新馆由香港知名爱国人士李嘉诚先生捐资,北京大学百年校庆典礼时落成。北京大学图书馆气势恢宏,与周围传统形式建筑保持和谐,又具时代精神,为燕园中心区的主导建筑;旧馆改造焕发新生,扩大贯通公共核心空间,完善使用功能和空间布局,有力提升服务品质和精神内涵。设计从整体到细部注重建筑与环境的协调、室内外风格的协调,突出北大人文特征,营造含蓄、清新的文化氛围,展示北大师生的精神家园所特有的魅力。

东北大学浑南校区文科二楼
Northeastern University Hunnan Campus Literal Arts Building No.2

建设地址	辽宁省沈阳市
建设单位	东北大学
用地面积	103.9157hm²
建筑面积	28377m²
设计时间	03/2012 ~ 03/2013
竣工时间	12/2014
获奖情况	2017年教育部建筑工程类一等奖

Location	Shenyang, Liaoning Province
Client	Northeastern University
Site Area	103.9157hm²
Floor Area	28377m²
Design Period	03/2012~03/2013
Completion Date	12/2014

东北大学浑南校区一期建设工程位于沈阳市浑南新城，距离沈阳市中心约18km。文科2楼处于校园核心教学区。项目为建筑学院办公及教学用房和文化创意学院及国际交流学院办公及教学用房。设计通过形体的扭转在两个单体之间创造了一条通廊，打开两侧建筑底部空间，使内外空间产生联系，进而促进交往活动的产生。整个流线上，通过不断变化的视觉焦点形成连续而活跃的空间序列，使静态界面转变为动态的故事。通廊成为新校区北大门和南侧学生宿舍之间的一条捷径，沿路布置艺术工坊让所有学生穿行在其中能感受到设计学院扑面而来的艺术气息，使建筑成为学校开放式的艺术馆。一层开放式的院落将学生吸引进来，多样性的活动也丰富了建筑的内涵。

清华大学理学院
School of Science, Tsinghua University

建设地址	清华大学校园内
建筑面积	25000m²
合作单位	清华大学建筑学院
设计时间	1996
竣工时间	1998
获奖情况	全国第九届优秀工程设计铜奖
	建设部2000年度部级城乡建设优秀勘察设计二等奖
	2000年教育部优秀设计二等奖
	1998年第四届首都建筑设计汇报展"建筑艺术创作优秀设计方案"三等奖
	1998年第四届首都建筑设计汇报展"十佳方案"

Location	Tsinghua University
Floor Area	25000m²
Cooperation	School of Architecture, Tsinghua University
Design Period	1996
Completion Date	1998

本项目建在清华园西区。四周的生物馆、化学馆、气象台、体育馆均已被定为北京市重点保护文物。新楼包括物理馆、数学馆和生命科学馆三部分。设计充分尊重原有建筑的历史地位，新老建筑共同组成一个和谐的建筑整体。新建筑的布局、轴线对应关系、体量、尺度、材料、色彩均与旧建筑及环境充分协调，同时体现了一定的时代特征。

清华大学理化楼
Chemistry Department of Tsinghua University

建设地址	清华大学校园内
建设单位	清华大学
建筑面积	6998m²
合作单位	清华大学建筑学院
设计时间	2002~2003
竣工时间	2004

Location	Tsinghua University
Client	Tsinghua University
Floor Area	6998 m²
Cooperation	School of Architecture, Tsinghua University
Design Period	2002~2003
Completion Date	2004

清华大学理化楼是文物建筑——老化学馆的扩建工程,老馆是国内为数不多的 Art Deco 风格建筑的典型作品,具有重要的历史、艺术价值。因此,尊重地段特殊的历史环境,维护老馆体量上的主体地位,在功能上对老建筑进行补充和完善,满足现代化的科研、教学要求,体现人性化的设计理念,有效地延续老建筑的生命是本工程的设计目标。理化楼总建筑面积为 6998m²,局部地下一层,地上四层。平面布局为反 E 字形,与老建筑以玻璃连廊连接,在有限的基地内最大程度地增加了南北向房间,使所有的科研实验用房都具有良好的自然采光、通风条件。立面形式采用坡顶红砖墙突出竖线条的风格特点,选择老馆典型的装饰细部加以简化运用,通过勒脚、墙身、檐口的细致划分,形成与环境协调的尺度关系。同时又以较大的开窗、横向金属栏杆等,表现出与老建筑不同的时代特征。本设计并不追求特殊、新奇的效果,也忌讳重复传统的手法,但通过精心、合理的设计,达到了"和而不同"的境界,在尊重老建筑的同时,也树立了自己独一无二的形象。

清华医学科学研究院
Tsinghua Medical Science Institute

建设地址	北京市
建设单位	清华大学
用地面积	2.38hm²
建筑面积	46500m²
设计时间	10/2004 ~ 03/2005
竣工时间	12/2006
获奖情况	2008年度全国优秀工程勘察设计奖金奖
	2008年度全国优秀工程勘察设计行业奖一等奖
	2008年度第五届中国建筑学会建筑创作奖优秀奖
	北京市第十三届优秀工程设计奖一等奖

Location	Beijing
Client	Tsinghua University
Site Area	2.38hm²
Floor Area	46500m²
Design Period	10/2004~03/2005
Completion Date	12/2006

建筑位于清华大学老校园内，相邻的许多建筑都已被列为国家级文保单位。本设计着重在空间体量、材料尺度等方面与周边环境相协调，同时积极塑造具有文化品质的校园环境。该建筑为一座现代化的实验室建筑，其中设有900兆核磁共振实验室、SPF级实验动物中心、冷冻尸库、解剖室等先进的实验设施。设计中把确保实验人员的安全及身心健康放在首位，通过可控的人工环境满足不同实验的要求。在安排好复杂技术功能的前提下，创造出诸多不同尺度的交往空间，以促进学术交流。同时，考虑到医学科学兼具道德、伦理等方面的社会责任，通过一些纪念性的空间形象、铭文塑像等，力求对使用者形成潜移默化的影响。

清华大学设计中心楼
Design Center Building of Tsinghua University

建设地址	清华大学校园内
建筑面积	6880m²
设计时间	1999
竣工时间	2001
获奖情况	2002年全国第十届优秀工程设计金奖
	2002年度建设部优秀勘察设计一等奖
	2001年度教育部优秀设计一等奖
	1999年北京市十佳公建设计奖及优秀建筑艺术创作二等奖
	亚洲建筑师协会2001-2002年亚洲建协建筑奖（商业建筑类）荣誉提名奖
	2003年北京市建筑装饰成就展优秀建筑装饰设计奖
	楼内绿色报告厅室内照明工程获2006年中国照明学会照明工程设计奖三等奖

Location	Tsinghua University
Floor Area	6880m²
Design Period	1999
Completion Date	2001

本项目是我国第一幢实践性的绿色生态办公建筑。项目设计中根据可持续发展的原则，运用绿色生态建筑设计理念，采用适宜的常规建造技术，结合实际情况，制定出一整套较完整的绿色设计策略。例如：边庭以热缓冲层策略，保障了室内办公环境的温度恒定；健康无害化策略——南北中庭天窗及办公室落地推拉玻璃门促进室内空气流通，保证空气清新；自然能源策略——利用太阳能转化为电能，提供部分室内用电，是办公建筑利用清洁能源的典范；整体绿色化策略——室内种植绿化，提供宜人环境。这些设计策略及西侧防晒墙、南侧遮阳板等措施，共同为工作人员创造出一个健康、舒适、宜人的室内工作环境。通过检测，使用后节能效果明显，室内环境品质优良。本项目的设计理念在理论上有所创新，并在我国生态建筑的实践方面迈出了示范性的第一步。

清华大学建筑馆扩建工程
Tsinghua University, School of Architecture Extension

建设地址	北京市
建设单位	清华大学
建筑面积	3282.1m²
设计时间	10/2009 ~ 02/2012
竣工时间	01/2014

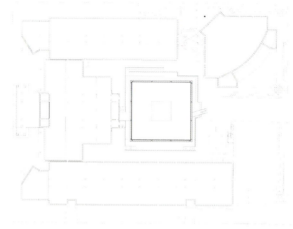

总平面图

Location	Beijing
Client	Tsinghua University
Floor Area	3282.1m²
Design Period	10/2009~02/2012
Completion Date	01/2014

清华大学建筑馆扩建工程位于清华大学校园内的东南角，旧建筑馆与节能楼所围合的现状庭院里。楼座坐落在下沉庭院中，地下一层、地上六层；首层高度4.2m，二层高度2.85m，三层、五层高度4.5m，四层、六层高度3m；总建筑高度24m。建筑基底面积535.46m²，地上建筑面积2739.33m²，地下建筑面积542.77m²。主要功能为清华大学建筑学院老师办公室。地下一层设为主要入口门厅，并设辅助管理用房，一层为门厅，二层与一层通高设计，三层至六层均为办公室。

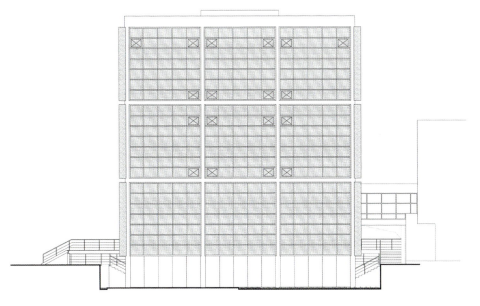

立面图

清华大学西阶教室
Xijie Auditorium, Tsinghua University

建设地址	清华大学校园内
用地面积	约 400m²（原西阶教室用地）
建筑面积	1132m²（其中地上 738m²，地下 394m²）
合作单位	清华大学建筑学院
设计时间	2006
竣工时间	2007

Location	Tsinghua University
Site Area	about 400m²
Floor Area	1132m²
Cooperation	School of Architecture, Tsinghua University
Design Period	2006
Completion Date	2007

清华大学西阶翻建项目位于清华大学核心区。原西阶教室建于 1955 年，外观设计极尽俭省，红砖墙面毫无装饰，内部设施简陋。虽然整幢建筑面积不足 400m²，但其空间位置却十分重要——它位于由大礼堂到工字厅后花园（著名的"水木清华"）的交通要道旁，是清华园中西洋古典建筑风格与中国传统建筑风格的交界点。由于学校加建供整个礼堂前区使用的消防水池，只能利用西阶教室的地下空间，西阶的重建成为必然。为尽可能保留原西阶教室的历史记忆，新方案外观体量轮廓与原建筑一致，仍然采用双坡屋顶，只在立面上增加适当装饰以强化建筑自身的美感与特色。建筑重新设计为地下 1 层、地上 2 层，既增加了使用面积，又丰富了平面功能，设施标准也得以提升。

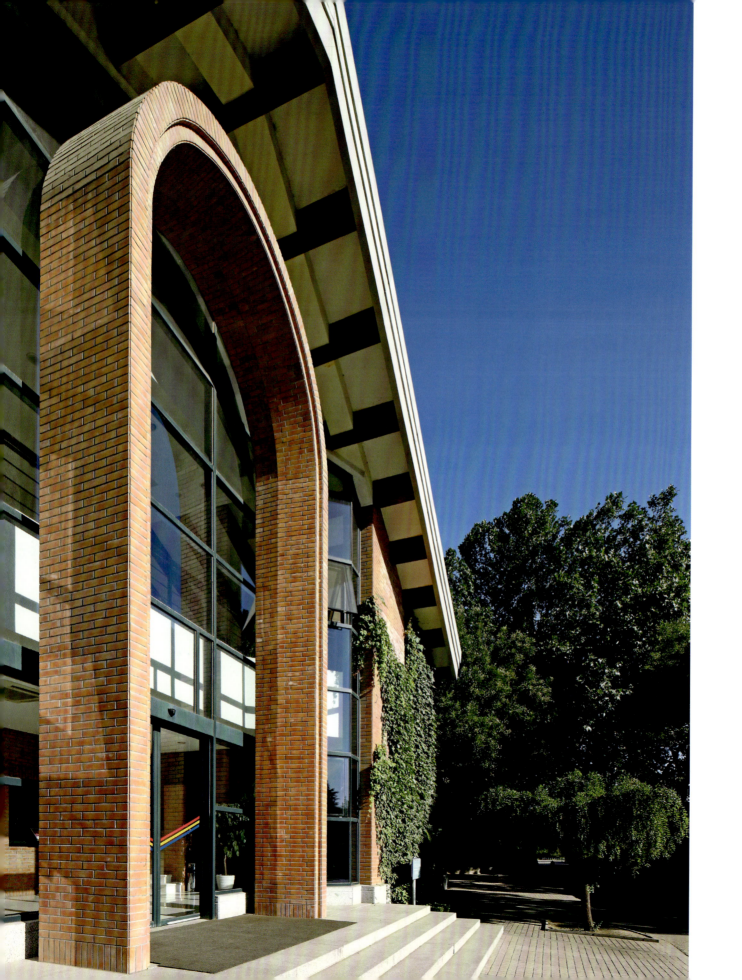

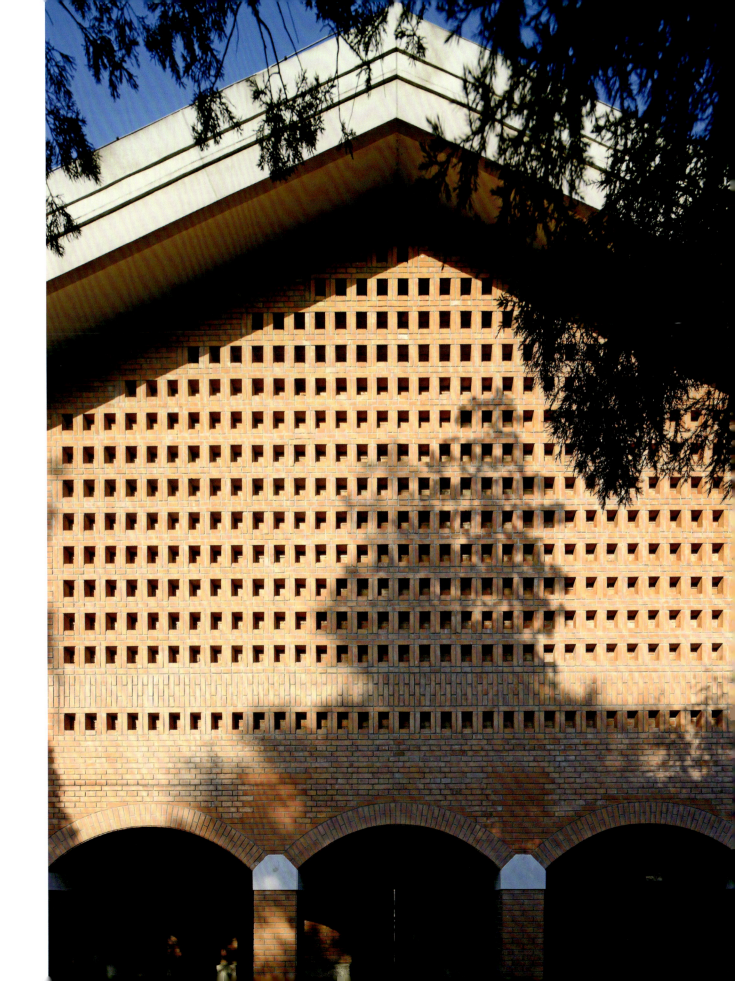

北京市天主教神哲学院
Beijing Catholic Philosophy College

建设地址	北京市海淀区
建筑面积	6700m²
设计时间	1998
竣工时间	2001
获奖情况	2003年教育部优秀勘察设计评选"建筑设计二等奖"

Location	Haidian District, Beijing
Floor Area	6700m²
Design Period	1998
Completion Date	2001

神哲学院是培养神父的学校，内有教学楼、教堂、钟楼、神父与修士的宿舍及行政后勤设施。建筑设计寻求中国建筑文化的精华，注重庭院与功能分区的联系，注重整体与局部的统一，注重解决主要的建筑技术问题，突出结构技术的构件美，使其与宗教标记与自然采光有机结合，体现了该建筑的学术性和宗教性。

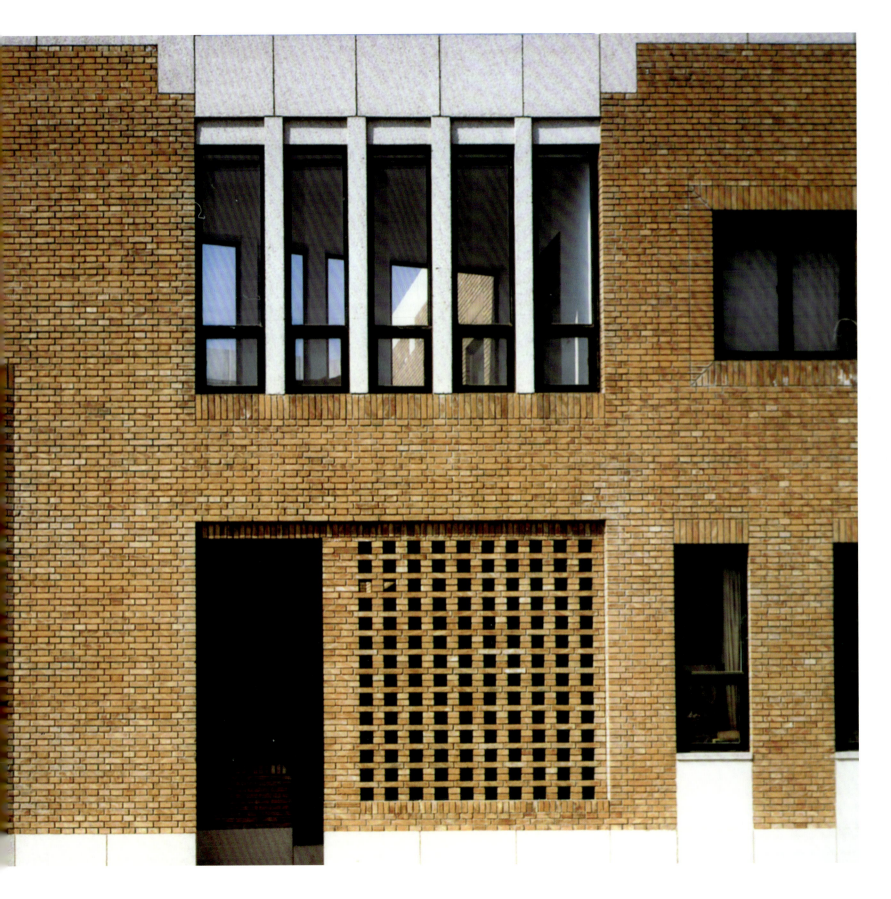

汶川映秀中学
Yingxiu High School

建设地址	四川省汶川县
建设单位	映秀镇政府
用地面积	4.22hm²
建筑面积	18039.39m²
合作单位	清华大学建筑学院
设计时间	12/2009
竣工时间	11/2010

Location	Wenchuan County, Sichuan Province
Client	Yingxiu Town Government
Site Area	4.22hm²
Floor Area	18039.39m²
Cooperation	School of Architecture, Tsinghua University
Design Period	12/2009
Completion Date	11/2010

地震前的漩口中学,即汶川县七一映秀中学的前身,位于四川省西北部,海拔820m,是阿坝州的南大门。2008年5月12日,漩口中学在地震中被彻底摧毁。现遗址原样保留作为汶川地震纪念地。

2009年4月,清华大学建筑学院和清华大学建筑设计研究院组织了设计团队,先后完成中学地段调研、校园规划与建筑方案设计,以及教学楼、食堂风雨操场、宿舍楼三个主要单体建筑、室外工程、校门等的深化设计和全部施工图工作。于2009年12月完成全部施工图,重建工程在2010年10月顺利完成。两院院士吴良镛教授担任重建工程的设计顾问,并为学校题写校名。学校的重建工程选址为修建都汶高速废渣回填的平地,占地面积为42200m²,总建筑面积为18039.39m²;规划规模为寄宿制24班完全中学,可以供1200名学生学习、住宿。

延安学习书院
Yan'an Study Academy

建设地址	陕西省延安市延安新区
建设单位	延安市新区投资开发建设有限公司
用地面积	1.17hm²
建筑面积	6400m²
设计时间	12/2015～05/2016
竣工时间	2017

Location	Yan'an New District, Yanan, Shanxi Province
Client	Yan'an New District Investment and Development and Construction Co.,Ltd.
Site Area	1.17hm²
Floor Area	6400m²
Design Period	12/2015~05/2016
Completion Date	2017

设计理念：修复生态环境、彰显地域文化、服务人民群众、弘扬延安精神。项目简介：学习书院位于高地台顶，山体顶端被人工削平，非常生硬，因此项目的建设成为修复山体自然风貌的契机。我们强调建筑与环境的融合，通过起伏变化的建筑体量对生硬的山顶形态进行修补，从视觉上形成完整的山体地貌。同时采用下沉处理，降低建筑高度，消减建筑体量，使书院最大限度地与自然环境相融合。远望，建筑几乎消隐于植被中，与周边山体环境融为一体。

金昌市图书馆
Jinchang Library

建设地址	甘肃省金昌市
建设单位	金昌市文化广播影视新闻出版局
用地面积	1.96hm²
建筑面积	1130m²
设计时间	10/2012
竣工时间	04/2016

Location	Jinchang, Gansu Province
Client	Jinchuang Bureau of Publication of Culture, Redio, Television and Pressy
Site Area	1.96hm²
Floor Area	1130m²
Design Period	10/2012
Completion Date	04/2016

金昌市图书馆位于甘肃省金昌市职业技术学院新校区核心位置。建筑造型以"戈壁—绿洲"为设计出发点，体现金昌市的个性及特点。建筑造型有强烈的雕塑感，避免了形体的琐碎，体现出建筑的沉稳和力度。石材墙面错落有致，凹凸变化，使整个造型动感活泼。

平面功能上有三个区块围合出通高中厅，三个区块相对独立，互不干扰，又通过边廊有机联系在一起。中厅顶部采光，给建筑带来良好的采光与通风，使室内环境更加舒适宜人。

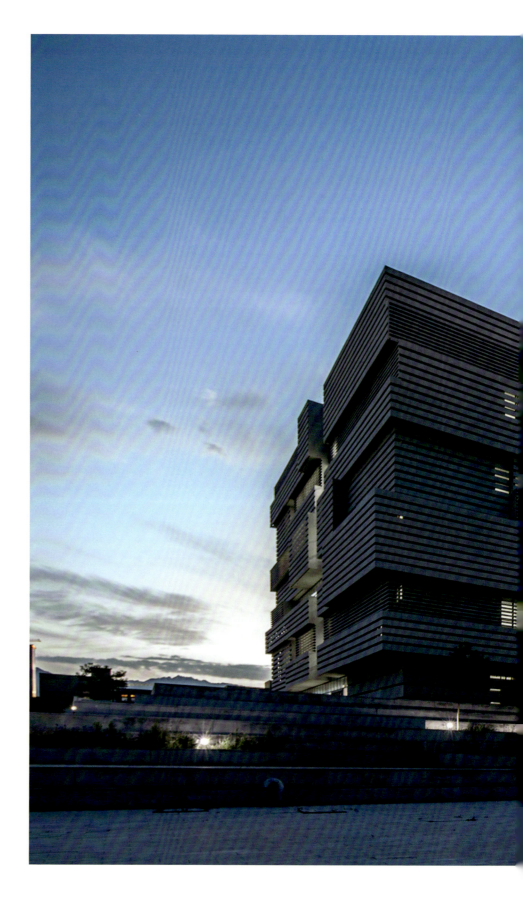

西安欧亚学院图书馆
Xi'an Eurasia College Library

建设地址	陕西省西安市
建设单位	西安欧亚学院
用地面积	7.65hm²
建筑面积	15000m²
合作单位	清华大学建筑学院
设计时间	11/2003
竣工时间	2006
获奖情况	中国建筑学会建筑创作大奖

Location	Xi'an, Shaanxi Province
Client	Xi'an Eurasia College
Site Area	7.65hm²
Floor Area	15000m²
Cooperation	School of Architecture, Tsinghua University
Design Period	11/2003
Completion Date	2006

欧亚学院图书馆位于该校的一块约400m×400m的巨大绿地上。原规划拟在此绿地之东面正中设主要楼门，正对校门约200m处建图书馆，成为主要的标志性建筑。在这块绿地之西是学院的办公、生活及部分教学区，人员最密集的区域。绿地之南侧是体育及后勤区域，绿地之北是一组外形、高度一致的教学楼群，长400余米，呈微弧形，是最理想的"背景"建筑。

本设计采取了将不规则形的建筑物和四周大面积绿地充分结合起来的策略，特别是朝东立面。目前虽然尚少有人由东面主校门出入，但不久的将来这里将成为大量人流和礼仪性的入口，在这里所见到的图书馆是一座从大片绿地上"生长出来"的建筑，与其他建筑对比而达到"标志性"效果。西向设图书馆的主要入口以方便来自宿舍区的大量读者，北向设第二入口以方便来自教学楼的读者，门内设三叉形的"街道式"小中庭联系楼西、北、东三个入口，是不经过"书检"闸口的自由活动区。这里有自习教室并可方便到达二层的学术报告厅。进入西面的主要入口可直达顶部采光的大中庭，由此可达楼上各层阅览部分。此中庭的南面设玻璃墙壁，将和计划中的第二期馆舍所围成的庭院结合成一个整体，一半有玻璃顶，一半露天，成为四周阅览空间的主要自然光来源。有相当面积的屋顶以草坪覆盖，其渐坡到地的低矮部分，亦作了充分的利用，如西、北二入口之间的单坡下即辟为可存放200辆自行车的车棚。

郑州大学新校区人文社科学院
School of Humanities, Social Sciences Zhengzhou University

建设地址	河南省郑州市
建设单位	郑州大学
用地面积	7.025hm²
建筑面积	47648m²
设计时间	01/2005
竣工时间	11/2006
获奖情况	北京市第十三届优秀工程设计三等奖

Location	Zhengzhou, Henan Province
Client	Zhengzhou University
Site Area	7.025hm²
Floor Area	47,648m²
Design Period	01/2005
Completion Date	11/2006

郑州大学人文社科学院建于新校区东北部，基地面积7万平方米左右，西临学校主要教学区和学生住宿区；东靠学校东门和教师家属住宅区；北侧为校园的发展用地；南侧面对图书馆、理科楼群。人文社科学院分为人文和社科两大组成部分。人文包括美术系、历史系、中文系和新闻系；社科包括教育学院、法学院、公共管理学院、信息管理学院、旅游管理学院和商学院。总建筑面积4.3万平方米。

设计方案的主要特点：
1. 建筑主要使用空间均为南北朝向，有利于通风和采光；而东西向空间则布置楼梯间、卫生间、机房等辅助性房间。
2. 建筑根据各院系的使用特点以及周围环境（东侧为教工家属区，西侧为学生区）进行合理分区，以达到方便使用者的目的。
3. 各院系具有自己独立的系馆和门厅。
4. 通过几个两层高的共享空间将学科相近的院系联系起来，形成师生交往、休息的平台。
5. 各院系均采用6.3m+2.4m+6.3m的模数柱网，这样有利于提高空间的使用效率和今后的扩建问题。人文社科学院组团全部采用集中空调系统，建筑层高为4.2m。

新疆大学科学技术学院
College of Science & Technology, Xinjiang University

建设地址	新疆阿克苏地区温宿县
建设单位	新疆大学
用地面积	190hm²
建筑面积	26.6hm²
设计时间	08/2014
竣工时间	12/2015
获奖情况	图书馆项目获得 2017 年度教育部优秀工程勘察设计建筑工程二等奖

Location	Wensu County, Aksu Prefecture, Xinjiang Uygur Autonomous Region
Client	Xinjiang University
Site Area	190hm²
Floor Area	26.6hm²
Design Period	08/2014
Completion Date	12/2015

科学技术学院位于阿克苏地区温宿县新城区学府路 1 号，校园占地面积 2856 亩，规划建筑面积 68.7hm²，分三期建设，其中一期占地面积 1700 亩，建筑面积近 27hm²，共投入建设资金 15 亿元，规划在校生 6000～8000 人。二期规划建筑面积 21.7hm²，远期规划建筑面积 17hm²。远期规划在校生 15000 人。学院包含教学楼、图书馆、实验楼、工程实训中心、学生宿舍、风雨操场、会堂、学术交流中心、行政楼及后勤楼等。

校区规划注重整体性，各功能组团通过网格和脉络划分，既相互独立，又联系紧密，既便于单独建设和管理，也提供了明确清晰的道路体系和功能分区。组团与组团之间预留了面积较大的景观绿地，建筑布满而不拥挤，为将来的扩建提供更多可能。

整体规划设计尊重现有自然环境，强调人与自然共存，充分利用现有地貌水体和植被，使人工建筑与自然环境相融合，突出建筑群布置的层次感，同时加强校园环境景观的配套设计，体现校园花园化、生态化。

北京中医药大学良乡校区
Beijing University of Chinese Medicine Liangxiang Campus

建设地址	北京市房山区
建设单位	北京中医药大学
用地面积	46.13hm²
建筑面积	87990m²
设计时间	04/2013 ~ 06/2014
竣工时间	02/2016 ~ 06/2016
获奖情况	2014年全国人居经典建筑规划设计方案竞赛建筑金奖

Location	Fangshan District, Beijing
Client	Beijing University of Chinese Medicine
Site Area	46.13hm²
Floor Area	87990m²
Design Period	04/2013~06/2014
Completion Date	02/2016~06/2016

设计以"人文化、生态化、智能化"为核心思想。建筑强调中医文化和中式元素的表达;通过阳光中庭、保温墙体与热回收、雨水收集技术等突出可持续发展理念;注重现代化实验室的功能设置以及智能技术应用,运用BIM系统引入建筑全生命周期管理。

建筑为"汉唐"风格,界面大虚大实,交错相接,栋间架以廊桥,建筑组团围合出独具特色的庭院。坡顶举折,尽显古风;化整为零,简约精巧;黑瓦·灰墙·飞白,建筑无色而园有色。材料方面,运用反射玻璃、透明玻璃、印花玻璃、金属百叶、再造石等现代材料再释传统形式。

体育
医疗
旅游

北京科技大学体育馆

2008年北京奥运会射击馆

2008年北京奥运会射击场飞碟靶场

清华大学综合体育中心

武钢体育公园

洛阳新区体育中心

乔波冰雪世界会议中心

北京清华长庚医院

承德医学院附属医院

北京老年医院医疗综合楼

徐州中心医院内科医技大楼

丹东市第一医院

钓鱼台国宾馆3号楼

北京奥林匹克公园中心区下沉花园2号院

大同古城墙东段

刘海胡同33号院

北京园博园永定塔、永定阁

SPORTS MEDICINE TOURISM

Beijing Science & Technology University Gymnasium

Beijing Shooting Range Hall

Beijing Shooting Range Clay Target Field

Sports Center of Tsinghua University

Wuhan Steel Group Sports Park

Luoyang New District Sports Center

Qiaobo Ice and Snow Word Conference Center

Beijing Tsinghua Changgung Hospital

Affiliated Hospital of Chengde Medical University

Beijing Geriatric Hospital Medical Complex Building

Xuzhou Central Hospital Medical Technology Building

Dandong First Municipal Hospital

Diaoyutai National Guest House Building No.3

Beijing Olympic Park Sunken Garden No.2

Datong City Wall East Part

Courtyard 33 Liuhai Alley

Beijing Garden Expo Yongding Tower and Pavilion

北京科技大学体育馆
Beijing Science & Technology University Gymnasium

建设地址	北京市
建筑面积	23993m²
设计时间	2005
竣工时间	2008
获奖情况	第十二届首都城市规划建筑设计汇报展"公共建筑设计方案二等奖"

Location	Beijing
Floor Area	23993m²
Design Period	2005
Completion Date	2008

该馆由体育比赛场及游泳馆组成,奥运会期间观众座席8018个,其中固定座席4034个(赛后座席5010个);临时座席3984个。赛后为北京科技大学综合体育中心和水上运动、健身中心,并能够承接各类室内竞技赛事。设计遵循严谨对称的校园轴线,建筑对称、庄重、大气、和谐,既具有时代感与现代气息,又以其体量感和表面的肌理,体现了北京科技大学拥有的坚实、厚重和理性的人文精神。设计强调空间功能布局的灵活性和弹性,以尽量少的投资和较短的时间完成赛时赛后的功能转换,实现既办好奥运,又能便利地满足学校使用功能的目标。体育馆的自然通风采光,屋顶绿化,室内外灵活转换、渗透,塑造了清新健康的体育建筑。

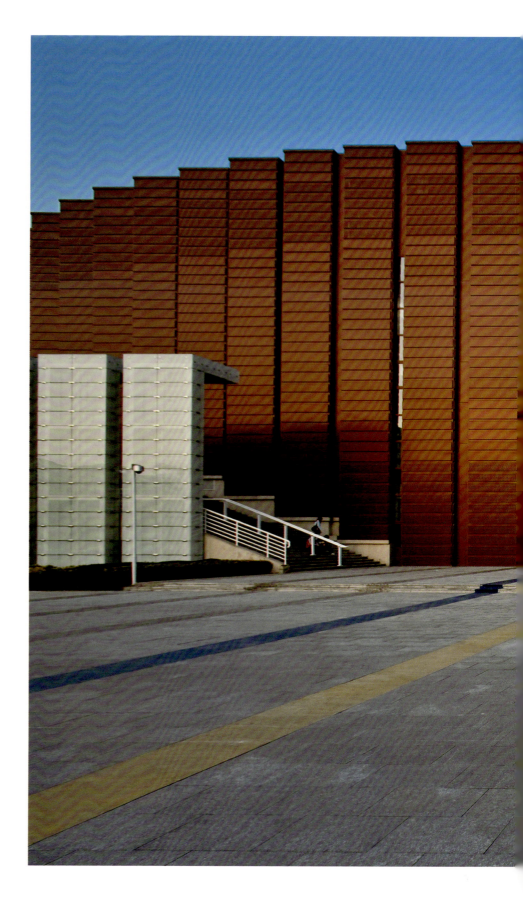

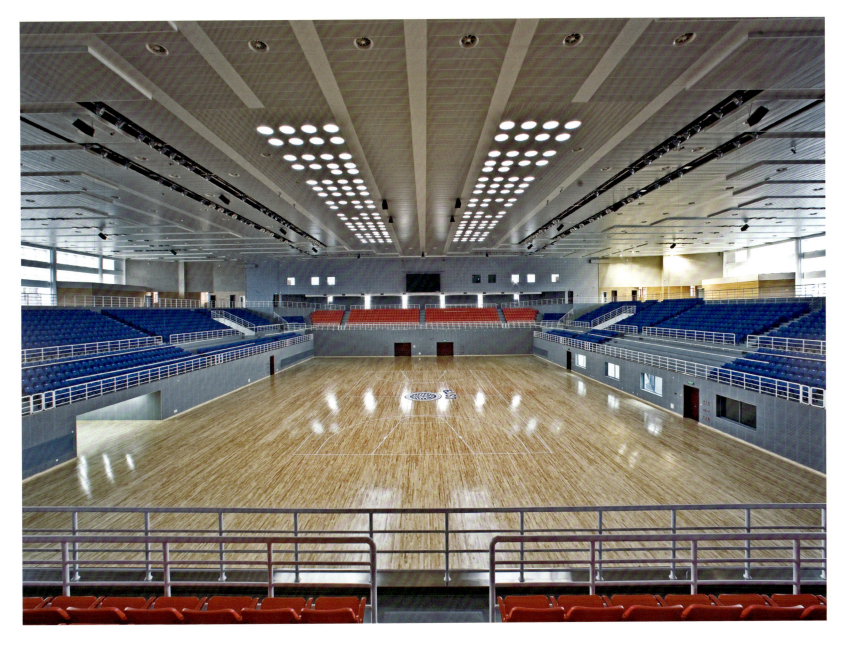

2008 年北京奥运会射击馆
Beijing Shooting Range Hall

建设地址	北京市
用地面积	7.5hm²
建筑面积	51167m²
设计时间	2003～2004
竣工时间	2008
获奖情况	第十届首都城市规划建筑设计汇报展"十佳设计方案奖"、"公共建筑优秀设计方案奖" 2007 年中国建筑学会室内设计分会室内设计大奖赛优秀奖

Location	Beijing
Site Area	7.5hm²
Floor Area	51167m²
Design Period	2003~2004
Completion Date	2008

该馆由决赛馆、资格赛馆、永久枪弹库等配套设施组成。承担奥运会步枪、手枪和移动靶的比赛。资格赛馆设固定座席 1046 个，临时座席 4452 个，决赛馆设固定座席 1275 个，临时座席 1232 个。奥运会后，该馆不仅可承担重大国际比赛，还将成为国家射击队常年训练基地，并将向社会开放，成为国防教育及公众射击体育运动基地和射击运动博物馆。建筑群以"绿色"、"科技"、"人文"奥运为宗旨，力争创造国际水准的射运中心。设计采用大面积、多形态的立体绿化体系，环抱其主体建筑，与园区北面翠微山脉的绿色背景遥相呼应，并和现有绿化体系有机结合，使射运中心生长于葱郁的自然环境中；设计打破了大型建筑室内环境与室外环境的严格界限，通过"渗透中庭"的建筑形式、"导光百叶"的细部做法和"室内园林"设计，将自然环境引入室内；外观上采用抽象手法，隐喻"林中狩猎"，建筑造型舒展大方。

2008年北京奥运会
射击场飞碟靶场
Beijing Shooting Range Clay Target Field

建设地址	北京市
用地面积	9.45hm²
建筑面积	6169.41m²
设计时间	2004~2005
竣工时间	2008

Location	Beijing
Site Area	9.45hm²
Floor Area	6169.41m²
Design Period	2004~2005
Completion Date	2008

北京飞碟靶场是2008年奥运会比赛场馆之一，承担奥运会男女飞碟双向、多向及双多向等六个项目的比赛。奥运会期间，北京飞碟靶场设观众席5000个，其中固定座席1047个，临时座席3953个。建筑形体上，整个飞碟靶场与周围的山形、地景紧密结合，将整个建筑融入到环境中。在功能方面适当改造了周边建筑，在空间上与周边建筑一起围合出了入口广场，为观众提供了舒适宽阔的休闲区域。通过内部庭院的引入，使室内空间与自然巧妙融合，塑造清新健康的室内环境。建筑设计体现出2008年北京奥运会的绿色、人文、科技精神与射击运动精密、准确的精神，经济合理的运用了很多生态设计策略和细部做法，体现了对运动员、观众以及其他人群的人文关怀。立面设计中局部采用木条板装饰外饰面材料，延续射击中心山景、绿景为主的园林自然环境体系，保持自然山景与环境的连续性，完善绿色园区总体环境。通过屋顶绿化和建筑周边绿化形成复合立体绿化系统。利用贵宾、媒体的入口空间形成有特色的洞口，采用彩色的片墙作为入口的标识，丰富了建筑造型。

清华大学综合体育中心
Sports Center of Tsinghua University

建设地址	北京市
建筑面积	12600m²
设计时间	1999
竣工时间	2001
获奖情况	2003 年度教育部优秀勘察设计评选建筑设计二等奖
	2004 年度建设部优秀勘察设计三等奖

Location	Tsinghua University
Floor Area	12600m²
Design Period	1999
Completion Date	2001

本项目位于清华大学校园东区，沿主楼中轴线上，与东大操场围合成一个体育中心区。综合体育中心是一座集体育比赛，训练、教学、会议、演出为一体的综合性场馆，比赛场地为 55m×35m。座席由固定座席和活动座席组共 5000 座，设有主席台和裁判席，一层设有运动员训练房、贵宾室等辅助房。比赛大厅结构上采用 110 m 跨度钢筋混凝土大拱，悬挂轻型屋面，体现体育建筑的力量美。两拱之间为采光天窗，充分利用自然光线进行平时的训练及教学。

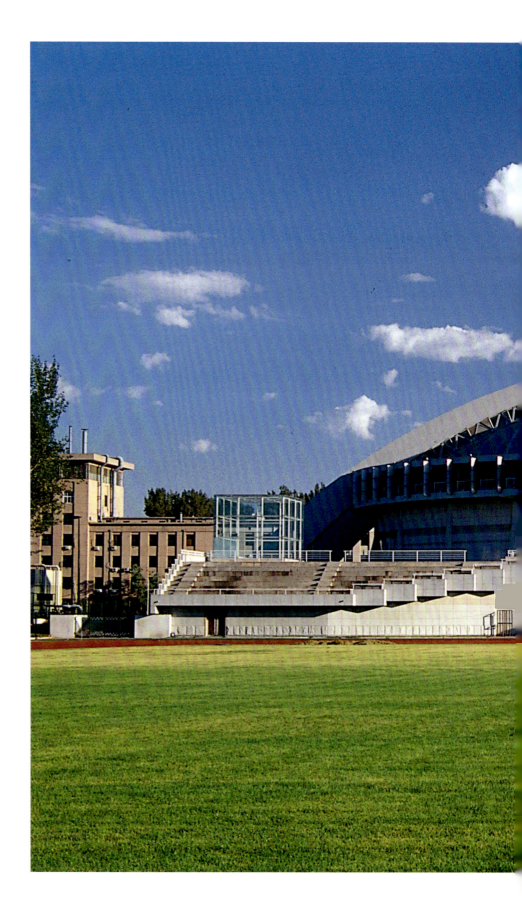

武钢体育公园
Wuhan Steel Group Sports Park

建设地址	湖北省武汉市
建设单位	武汉钢铁（集团）公司
用地面积	15.9hm²
建筑面积	35246.1m²
合作单位	三和创新建筑师事务所
设计时间	09/2009 ~ 06/2012

Location	Wuhan, Hubei Province
Client	Wuhan Iron and Steel (Group) Corp.
Site Area	15.9hm²
Floor Area	35246.1m²
Cooperation	Sanhe Creative Architects Studio
Design Period	09/2009~06/2012

总平面图

项目位于湖北省武汉市洪山区，主体建筑包括综合体育馆、球类练习馆（训练馆）及游泳馆，另有室外运动场地、室外大门、景观等配套设施。规划方案以明渠为主线，将近期、远期的建筑、场地、绿化和水面统一在一个完整的构图中，这种构图将用地自然地划分为几个部分，既有艺术感的图案美，同时又形成优美的景观。建筑单体设计时，将体育馆、训练馆两个建筑的屋顶合二为一，双曲屋面与倒锥形建筑结合的处理方式，使建筑具有雕塑感又富于韵律，这种"非线性"的设计思维，使屋面造型飘逸、流动、富有张力，烘托出一种"彩蝶当空舞"的意境。游泳馆在用地东南侧与体育馆、训练馆隔水相望，外墙、屋面及平台为一体化设计，富有张力感的立面造型，彰显体育建筑的力量感。本项目尝试为体育建筑群的设计探索一种新思路，建筑形态设计在打破常规体育场馆形象的同时，自然形成了更多流通的半室外空间，这些空间为适应当地气候、与场地更紧密结合并为人们带来不同的空间感受提供了可能。

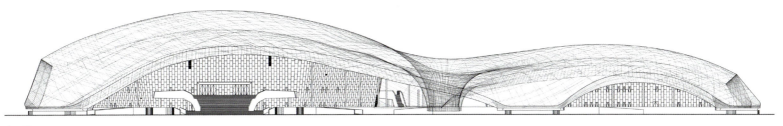

立面图

洛阳新区体育中心
Luoyang New District Sports Center

建设地址	河南省洛阳市
建设单位	洛阳市体育局
用地面积	18.84hm²
建筑面积	45220m²
设计时间	10/2006 ~ 04/2007
竣工时间	02/2011
获奖情况	2007 年度教育部优秀勘察设计奖建筑设计三等奖
	2008 年度第五届中国建筑学会建筑创作奖
	2011 年度第七届中国建筑学会优秀建筑结构设计奖二等奖
	2012 年度北京市第十六届优秀工程设计奖一等奖

Location	Luoyang, Henan Province
Client	Luoyang Municipal Sports Bureau
Site Area	18.84hm²
Floor Area	45220m²
Design Period	10/2006~04/2007
Completion Date	02/2011

洛阳新区体育中心体育场位于洛阳新区体育中心人工湖西侧，西邻大学路，是洛阳新区体育中心二期工程的主要场馆之一，项目总用地 18.84hm²，总建筑面积 45220m²，功能包含 4 万人综合体育场及其附属配套设施。体育场内场为椭圆形，建筑外围投影为正圆形，与体育中心其他场馆形成呼应。建筑外环直径为 240m，内场长轴方向 200m，短轴方向 160m，可满足国家级田径、足球项目比赛及各类大型社会活动。

四角场地通道将看台和辅助用房分为东西南北 4 个相对独立的分区，其中：西区为贵宾区、赛事组委会办公区、运动员裁判员休息室、媒体用房等。东区为体育宾馆，接待能力约 400 人。南北区为设备用房、体育器材仓库等。观众席分为两层，其中上层看台位于场地东西两侧，二层看台间为贵宾包厢及设备控制用房，主席台位于西看台下层中央位置。观众经由四个方向的大台阶由二层进入观众席，上层观众则通过专用楼梯上到座席区，与首层的功能用房人流互不干扰，观众座席总数 39800 座。该项目的建成使洛阳新区体育中心成为中原地区规模最大、功能最全、设施最先进的综合性体育中心。

乔波冰雪世界会议中心
Qiaobo Ice and Snow Word Conference Center

建设地址	北京市顺义
建筑面积	26700m²
设计时间	2006
竣工时间	2006
获奖情况	北京市第十三届优秀工程设计二等奖

Location	Shunyi District, Beijing
Floor Area	26700m²
Design Period	2006
Completion Date	2006

本工程为已建成的乔波冰雪世界滑雪馆的配套设施改扩建工程，滑雪馆高台下部为改建部分，其西侧为扩建部分。具有会议、住宿、餐饮、健身、娱乐及专业体检中心等多项配套功能。

设计综合考虑并统筹处理用地上原有建筑及扩建建筑的关系，充分利用已建成建筑的结构及空间，统一布局功能分区、合理扩充规模容量，注重公共空间的开合变化及室内外空间的流通与视线的畅通，满足了其复杂而特殊的流线要求，使改建扩建设计尽可能完善。该中心的造型与立面设计充分结合并尊重已建滑雪馆建筑的体量，追求简洁平实、现代精致，与滑雪馆的既定风格协调并为之增色。

北京清华长庚医院
Beijing Tsinghua Changgung Hospital

建设地址	北京市
建设单位	清华大学
用地面积	9.49hm²
建筑面积	147000m²
设计时间	04/2008 ~ 06/2010
竣工时间	09/2014

Location	Beijing
Client	Tsinghua University
Site Area	9.49hm²
Floor Area	147000m²
Design Period	04/2008~06/2010
Completion Date	09/2014

项目位于北京市天通苑地区，设计规模为1500床的三甲综合医院，分二期实施建设。本项目为一期工程，包括1号门诊住院楼、2号动力中心楼、3号医疗综合楼，总床位数1000床。医院的建设是清华大学医学院可持续发展战略的重要举措之一，对北京市西北部地区的医疗卫生事业的发展同时具有积极的战略和现实意义。

医院没有采用近年来国内通常的医疗街模式，采用了集中式的模式，首层入口中庭为主要的公共空间，医疗空间围绕主要通道紧凑布局，医疗流线便捷。同时加大建筑层高，通过同层排水等方式，灵活布局，也利于医疗空间的调整。以服务病人为宗旨，提供设备先进、服务良好的就诊空间，并且提供城市生活设施，如食街、商店、画廊、银行等综合服务，使医院成为市民公共生活的重要节点。"红区"是清华校园的核心空间，以红砖建筑围合形成宜人的空间环境，医院设计继承清华校园的传统，以红色涂料作为外立面主色调，同时也形成温馨、亲切的就医环境。

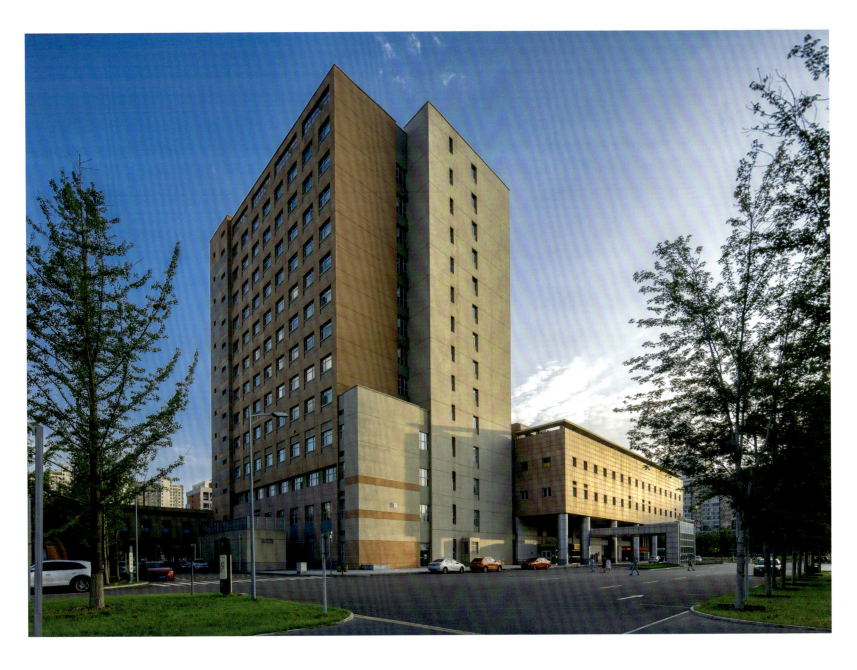

承德医学院附属医院
Affiliated Hospital of Chengde Medical University

建设地址	河北省承德市
建设单位	承德医学院附属医院
用地面积	11041.6m²
建筑面积	12.5hm²
设计时间	05/2012
竣工时间	01/2016

Location	Chengde, Hebei Province
Client	Affiliated Hospital of Chengde Medical University
Site Area	11041.6m²
Floor Area	12.5m²
Design Period	05/2012
Completion Date	01/2016

整体设计："康复之舟荡漾在绿色林海上"是本设计的设计主题。本设计用绿色和水面来组成整个用地，建筑完全融入在用地内的葱葱绿意和清清流水之中。绿意充盈的庭园景观、优美灵活而富于变化的自然曲线形裙房以及轮廓线亲切柔和的病房楼，分别象征着"绿海"、"港"和"舟"，体现了适于身心康复的环境设计。

以绿海为主题的景观设计：整体以漫溢着水和绿意的景观，营造出绿色海洋一样丰富多彩的空间环境。设施内处处点缀着的采光庭院及庭园，相互融合、呼应，达成了空间环境的连续性。另外，柔和优美富于变幻的建筑造型完全融入在绿意盎然的环境之中，形成了融建筑与景观为一体的优美环境。裙房作为停泊"康复之舟"的"港湾"，采用了柔和而灵活的曲线，整体设计统一、协调令人倍感亲切。另外，为了能够最大限度承纳来自城市的人流，设施采用了"Z"字形设计。1、2期工程的各个部分组成了"Z"字形状的港口，并结合成为一个功能统一的整体。病房楼的设计仿形舟的意象，以病房为中心，采用了洋溢着生活气息、重视居住性和舒适性的空间设计形式。另外，有秩序而充满韵律感的组合形式以及屋顶的优美轮廓，形成了荡漾在绿色海洋上的健康之舟的形象。

北京老年医院医疗综合楼
Beijing Geriatric Hospital Medical Complex Building

建设地址	北京市海淀区
建设单位	北京老年医院
用地面积	3.3hm²
建筑面积	36642m²
设计时间	06/2011 ~ 08/2013
竣工时间	2015

Location	Haidian District, Beijing
Client	Beijing Geriatric Hospital
Site Area	3.3hm²
Floor Area	36642m²
Design Period	06/2011~08/2013
Completion Date	2015

设计一直坚持着这样一个理想：我们要完成的不仅仅是一个先进的治疗老年疾病的设施，更希望能够成为让病人、医护人员及所有使用者感受到关怀与呵护的温暖的家。很幸运，医院领导与设计人员有着一致的目标。在团队的共同努力下，从总体概念、单体建筑、景观环境、室内装修，始终在营造社区、家庭的氛围，既有公共开放活动空间，也注重私密性设计，这里有自然的阳光、空气，有便捷高效的诊疗服务，有完备多样的康复设施，有整洁舒适的工作场所，有让所有使用者感受到温馨体贴的细节设计。

徐州中心医院内科医技大楼
Xuzhou Central Hospital Medical Technology Building

建设地址	江苏省徐州市
建设单位	徐州市中心医院
用地面积	4.77hm²
建筑面积	59100m²
合作单位	徐州市建筑设计院
设计时间	01/2010 ~ 06/2011
竣工时间	10/2014

Location	Xuzhou, Jiangsu Province
Client	Xuzhou Central Hospital
Site Area	4.77hm²
Floor Area	59100m²
Cooperation	Xuzhou Municipal Architectural Design Institute
Design Period	01/2010~06/2011
Completion Date	10/2014

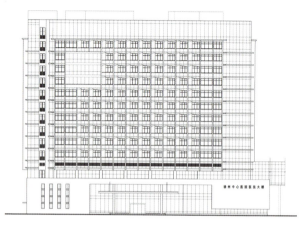

总平面图

徐州市中心医院是徐州市规模最大的综合性"三级甲等医院"，在淮海经济区乃至江苏省有着较大的影响力。内科医技大楼位于院区东侧，包括各医技科室，以及1000床病房，同时拟拆除本项目西侧现有建筑，规划为主入口绿地及地下停车场。医院位于市中心，院内用地紧张，周边建成环境复杂，本项目以内科医技大楼的建设为契机，对医院整体的出入口、交通流线、功能布局进行优化调整，建筑体量经过严格的计算，确保满足周边住宅的日照。内科医技大楼为中心式布局，公共大厅及交通核均位于中心，1~5层医技空间围绕中庭布置，流线紧凑合理。6~14层为病房楼，每层2个护理单元，6层屋面为屋顶花园，以上为天井。

丹东市第一医院
Dandong First Municipal Hospital

建设地址	辽宁省丹东市
建设单位	丹东市第一医院
建筑面积	29941m²
设计时间	04/2005～05/2006
竣工时间	10/2008
获奖情况	2009年度教育部优秀勘察设计建筑设计二等奖
	2010年度行业奖（原建设部）优秀勘察设计建筑设计二等奖

Location	Dandong, Liaoning Province
Client	Dandong First Muicipal Hospital
Floor Area	29941m²
Design Period	04/2005~05/2006
Completion Date	10/2008

丹东市第一医院位于辽宁省丹东市，一期总建筑面积2.9万平方米。"双轴"理念是新医院建设和发展的核心思想，设两条轴线贯穿医院，成为联系各部门的交通空间，两轴之间设置核心医技单位，服务一期及未来的二期。双轴的植入大大削弱了二期建设对一期的影响，西轴形成一种屏障，将二期的噪声、污染等不利因素加以隔绝，充分保障一期的顺利运转。轴线的设计更加自由，宽度可以根据功能和人流加以调整，一期东轴由南向北逐渐变窄，局部结合庭院扩大为等候区等停留空间；二期西轴同样可根据功能将宽度进行收放处理，将东西双轴打造成极富特色的医院空间。建筑设计着力改观医院固有的白色或者暖灰色调，以四种色差的红色面砖按一定比例拼贴为主要建筑饰面，配合玻璃、金属，力求打造一座具有人文气质的医疗建筑。

方案积极利用自然采光和通风，院落的引入不仅打破了东西轴线长线条带来的视觉疲劳，而且美化了医院环境，同时对于各个单元的通风起到了积极的作用。场地的高差变化为景观设计提供了便利，建筑入口缤纷的花台及喷泉水景形成了大气而丰富的景观层次；建筑东侧平台结合地形设计了起伏的绿丘景观系统，绿树掩映下医院分外亲切自然；北侧的缓坡山体公园成为病人天然的康复乐园。

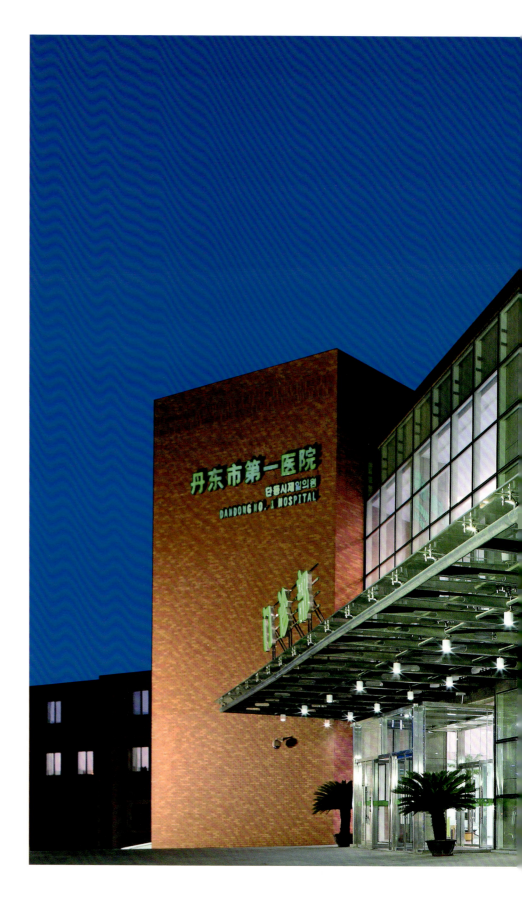

钓鱼台国宾馆 3 号楼
Diaoyutai National Guest House Building No.3

建设地址	北京市
建设单位	钓鱼台国宾馆管理局
用地面积	4379.41m²
建筑面积	12129.08m²
设计时间	03/2009 ~ 08/2009
竣工时间	12/2010
获奖情况	2012 年中国建筑学会建筑设计奖（建筑创作）银奖
	2013 年度教育部优秀工程设计奖二等奖

Location	Beijing
Client	Beijing Diaoyutai National Guest House
Site Area	4379.41m²
Floor Area	12129.08m²
Design Period	03/2009~08/2009
Completion Date	12/2010

钓鱼台国宾馆坐落于北京市三里河路西侧的古钓鱼台风景区，始建于 1958 年，是国家领导人外事接待的重要场所，总建筑面积 16.5 万平方米。原 3 号楼即为其中之一，后又就近增建了网球馆。随着国宾馆使用需求的不断发展，原 3 号楼和网球馆功能、规模及服务标准也迫切需要改善。

原址重建的新 3 号楼和网球馆于 2009 年初开始设计，同年 8 月破土动工，新建筑地上 3 层，地下 1 层。3 号楼主要功能包括首层独立使用的大会客厅，大、中、小餐厅各一处，厨房、接待大堂及部分客房；二、三层主要为包含团长房等在内的共计 26 个自然间的客房。网球馆包含两块室内标准场地及更衣间、休息区等必要的配套设施。建筑地下室总共约 4000m²，包括设备机房和车库。3 号楼主入口设置在建筑西侧，辅助入口和网球馆主入口设置在北侧。国宾馆园区整体规划延续了中式造园理念，湖岛相间，建筑布局主次分明。3 号楼用地位于园区主轴线东侧，面西而立。为契合整体规划思想、维护园区已有的尺度和肌理，新建筑采用化整为零的办法减小建筑的体量感，围合内院、体块咬合搭接形成退台，避免了大体量的出现，客房楼单走廊模式布置满足了其良好的采光和通风需求。

北京奥林匹克公园中心区下沉花园 2 号院
Beijing Olympic Park Sunken Garden No.2

建设地址	北京市
建设单位	北京新奥集团有限公司
用地面积	4480m²
建筑面积	590m²
合作单位	北京市建筑设计研究院
设计时间	2007
竣工时间	07/2008
获奖情况	2009 年度全国优秀工程勘察设计行业奖一等奖
	2009 年度教育部优秀勘察设计奖一等奖
	2009 年度北京市第十四届优秀工程设计奖一等奖
	2010 年度全国优秀工程勘察设计奖银奖
	2012 年度亚洲建筑师协会优秀建筑设计奖

Location	Beijing
Client	Beijing Inno-Olympic Group Co., Ltd.
Site Area	4480m²
Floor Area	590m²
Cooperation	Beijing Architectural Design and Research Institute
Design Period	2007
Completion Date	07/2008

奥林匹克中心区下沉花园 2 号院取名"瓦院"。通过诠释一组北京四合院建筑空间片断，以具有代表性的中国传统建筑材料——瓦作为主要表达手段，结合树木、室外水景等手段，展现北京的地域文化特色，形成有地域文化背景的室外休憩场所。建筑设计在现实与传统之间建立联系纽带的归属感，传统文化中积淀的受大众文化包容认可的社会审美价值也是设计中寻求与传统结合的法则。院落的主题是表达传统文化背景下市民生活的意境。

院落的核心是一组北京民居中具有代表性的三进制四合院，除了完整的屋面以及支撑屋面的传统做法体系之外，非承重构件全部被去掉了，代之以开放的室外空间。加入镂空瓦墙、倒影水池、立瓦铺地等元素，给传统空间注入新的表达语言。所有的建筑围绕着中心院落这一向心主题展开，内敛、聚合、互动，展现给人以自然舒展的"城市客厅"的空间交往性，在尺度巨大的奥林匹克公园给公众一个开放的、可以自由出入的惬意城市休闲空间。

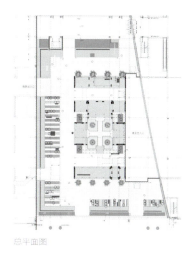

总平面图

大同古城墙东段
Datong City Wall East Part

建设地址	山西省大同市
建设单位	大同市园林管理局
项目性质	景观设计
用地面积	1.63hm²
建筑面积	10268m²
合作单位	山西达志古建筑保护有限公司
设计时间	02/2010 ~ 06/2012
竣工时间	11/2012

Location	Datong, Shanxi Province
Client	Datong Gardens Bureau
Project Nature	Landscape Design
Site Area	1.63hm²
Floor Area	10268hm²
Cooperation	Shanxi Dazhi Historic Buildings Conservation Co., Ltd.
Design Period	02/2010~06/2012
Completion Date	11/2012

本项目位于大同市东城墙外中心地带，由南北两个下沉庭院以及联系二者的地下建筑三个段落组成。作为东城墙绿化公园的重点景观段落，同时为公园提供配套服务。南侧庭院主要功能为茶室，北侧庭院为梁思成纪念馆，中部地下建筑为商业服务用房。景观元素延续"瓦院"做法，用镂空的瓦墙分隔、围合城市公共空间。不同的是该项目为南北镜像的两个瓦院；传统元素的引用对象不再是北京四合院，而是山西地方民居，空间增加到两层高度，紧张感有所加强；色彩更加单纯，连木质的栗色也都不再强调，黑白灰色调指向抽象的禅意空间。瓦墙的砌筑也参考了大同华严寺的若干作法进行创新演绎。

刘海胡同 33 号院
Courtyard 33 Liuhai Alley

建设地址	北京市
建设单位	北京湘财福地投资有限公司
用地面积	1401m²
建筑面积	3480m²
合作单位	北京点石九八装饰设计有限责任公司
设计时间	10/2009
竣工时间	03/2012
获奖情况	2009 年度中国室内空间环境艺术设计大赛方案类二等奖
	2009 年度中国室内设计大奖方案类优秀奖

Location	Beijing
Client	Beijing Xiangcaifudi Investment Co., Ltd.
Site Area	1401m²
Floor Area	3480hm²
Cooperation	Beijing Dianshi Nine Eight Decoration Design Co., Ltd.
Design Period	10/2009
Completion Date	03/2012

湖湘文化是一种区域性的历史文化形态，它有着自己稳定的文化特质，也有自己的时空范围。从空间上说，它是指湖南省区域范围内的地域文化；从时间上说，它是两宋以后建构起来并延续到近现代的一种区域文化形态。而四合院作为老北京文化的一个载体，在高楼大厦林立的今天，越发显得弥足珍贵。在满足其使用功能的前提下，如何让这两种文化有机的融合，擦出火花，就成了我们重点要研究的问题。新址的平面布置及建筑肌理充分遵循了传统四合院的规制与原则，本着修旧如旧的原则，使建筑从外观上一眼看去，依然是一个地道传统的四合院的外貌，而进入四合院大门后的空间，则是别有洞天，湖湘情浓。

北京园博园永定塔、永定阁
Beijing Garden Expo Yongding Tower and Pavilion

建设地址	北京市
建设单位	第九届园博会丰台筹办办公室
用地面积	2.6hm²
建筑面积	19275m²
设计时间	01/2011 ~ 08/2011
竣工时间	05/2013

Location	Beijing
Client	The 9th Garden Expo Fengtai Office
Site Area	2.6hm²
Floor Area	19275m²
Design Period	01/2011~08/2011
Completion Date	05/2013

永定塔"鹰山中国古典园林组群"的地段位于第九届中国国际园林博览会地段内的鹰山上。建筑风格是以唐、宋、辽建筑艺术作为主要来源，体现中国传统建筑古朴大气的神韵。建筑主体结构形式为钢筋混凝土结构，以满足现代公共建筑的安全及功能需求。建筑装修力图古朴简洁，与建筑风格整体呼应。永定塔建筑功能定位为永定河文化博物馆，用来展示永定河流域源远流长的中华文化。该组建筑极大地提升了第九届中国国际园林博览会的文化氛围，为首都北京增色。未来"鹰山中国古典园林组群"将成为永定河岸边的靓丽景观，成为首都北京新的旅游景点。

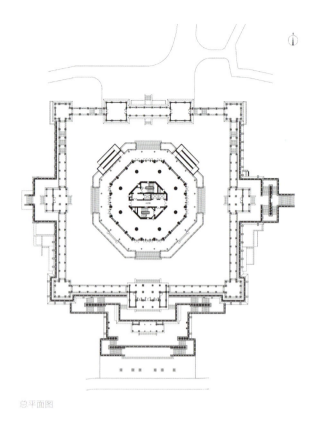

总平面图

南立面图

办公科研

玉树州行政中心

清华科技园科技大厦

中国工程院办公楼

中国极地考察"十五"能力建设中山站工程

国家电网电力科技馆综合体

华能石岛湾核电厂厂前区建筑

大连理工大学创新大厦

教育部综合办公楼

上海焦点生物技术研发中心

先正达生物科技研究实验室

中国驻印度尼西亚使馆经商处新馆

联合国工业发展组织国际太阳能技术促进转让中心

OFFICE
RESEARCH

Yushu State Administration Center
Technology Building of Tsinghua Science Park
Chinese Academy of Engineering Office Building
Zhongshan Station of Antarvtica, China
State Grid Electric Power Science and Technology Museum Complex
Huaneng Shidaowan Nuclear Power Plant Office Building
Dalian University of Technology Innovation Building
Office Building of Ministry of Education
Shanghai Focus Biotechnology Research & Development Center
Syngenta Group Bio-tech Lab
Economic and Commercial Office of China Embassy in Indonesia
UNIDO Solar Energy Technology Center

玉树州行政中心
Yushu State Administration Center

建设地址	青海省玉树州
建设单位	玉树州建设局
用地面积	6.32hm²
建筑面积	72637.9m²
设计时间	06/2011 ~ 05/2012
竣工时间	08/2014

Location	Yushu, Qinghai Province
Client	Yushu State Construction Bureau
Site Area	6.32hm²
Floor Area	72637.9m²
Design Period	06/2011~05/2012
Completion Date	08/2014

项目为玉树地震灾后重建重点项目，建成后将作为玉树州各行政职能部门办公、会议的综合性场所，同时也将成为玉树州最重要的建筑群落之一。设计需应对严酷的高原环境、复杂的功能需求、特殊的地域特征和人文环境，提供一个实用、高效、具有民族地域特征和时代精神的解决方案。方案以"宗"为建筑意象，以"林卡"为空间原型，提取藏式建筑和建筑群落的典型元素和空间关系，在东西两块场地中建立两个差异化的共同体。东区是以院落为核心的小体量群落，强调地域、民族特征；西区集中化的功能单体，强调时代性、功能性。方案采用暖灰色、白色的外装饰材料，将藏式构件与装饰提炼并抽象，再融入设计主体中，试图塑造整体庄严而细部亲近的政府形象。设计对场地现有植被和地形采取保护融入而非砍伐破坏的处理方式，表达对自然、民族的尊重。

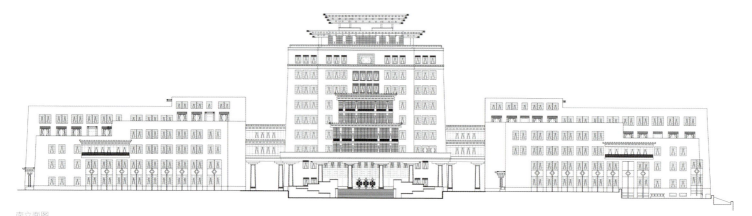

南立面图

THAD 办公科研

清华科技园科技大厦
Technology Building of Tsinghua Science Park

建设地址	北京市海淀区
建筑面积	188000m²
设计时间	2003
竣工时间	2005
获奖情况	北京市第十三届优秀工程设计建筑设计一等奖
	第十三届首都城市规划建筑设计方案汇报展"城市公共建筑设计方案一等奖"

Location	Haidian District, Beijing
Floor Area	188000m²
Design Period	2003
Completion Date	2005

清华科技园位于北京中关村科技园、清华大学、北京大学及中科院的核心地带,是全国著名的高校科技产业园区,由科技创新、研发、孵化、国际会议等功能建筑组成,总建筑面积逾40万m²。科技大厦是科技园的标志性建筑,高110m的四栋主楼统领科技园建筑群。大厦二层绿化广场与顶层绿化会所呼应,体现绿色节能、科技与自然相结合的设计理念。

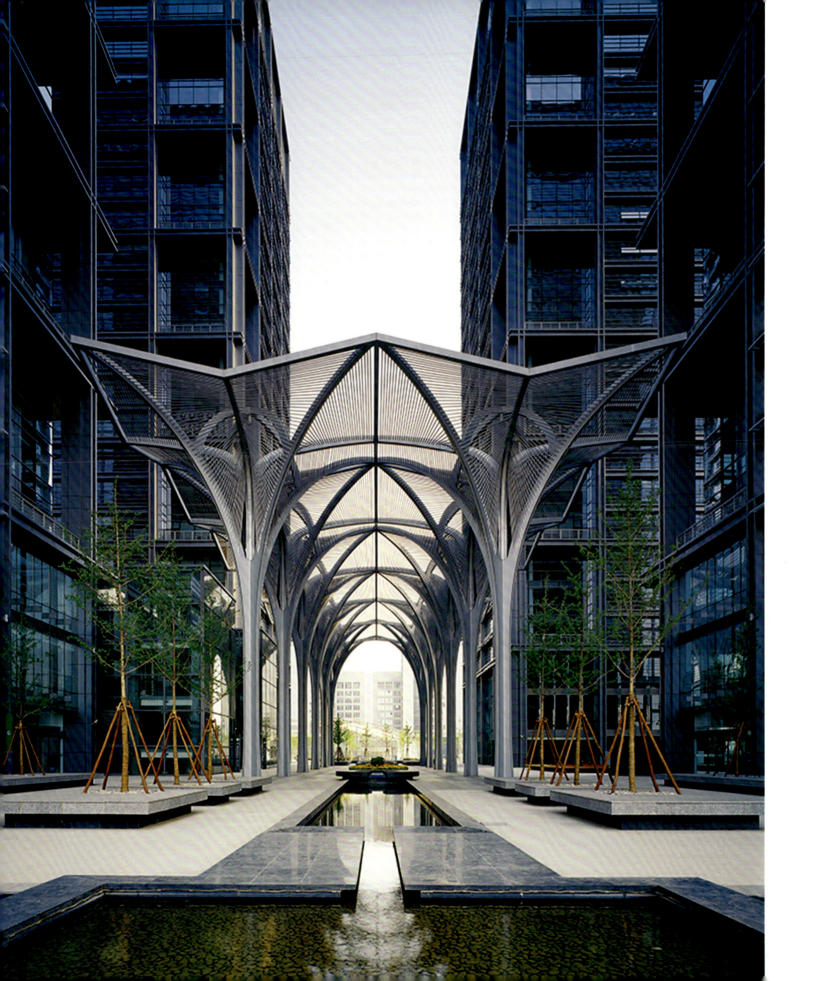

中国工程院办公楼
Chinese Academy of Engineering Office Building

建设地址	北京市
建设单位	中国工程院
用地面积	1.392hm²
建筑面积	22883m²
设计时间	07/2003 ~ 11/2004
竣工时间	12/2006
获奖情况	2009年度北京市优秀工程设计一等奖
	2009年度全国优秀勘察设计行业奖
	2010年度全国优秀工程勘察设计奖银奖

Location	Beijing
Client	Chinese Academy of Engineering
Site Area	1.392hm²
Floor Area	22883m²
Design Period	07/2003~11/2004
Completion Date	12/2006

中国工程院综合办公楼位于德胜门外紧邻护城河的地段。由于德胜门箭楼文物价值极高，为保护文物的生存环境，关肇邺院士在设计中对建筑体量、尺度、材料、色彩（青灰色面砖）的控制，以及对门窗洞口（深凹的正方形窗）的细节把握，使新老建筑取得了呼应，成功地实现了设计的初衷：使新建筑成为"最佳配角"，拱卫着德胜门箭楼。这是一次在历史文物保护地段建设新建筑的卓有成效的建筑实践。

在设计手法上，新建筑没有采用"传统的民族形式"，相反却使用了大片的曲面玻璃幕墙，使得在办公楼公共大厅里的人们可透过玻璃去欣赏德胜门的美景，这是中国传统建筑的借景手法。大厅室内的墙面采用青灰色面砖，窗洞口采用正方形母题。在这里，新老建筑的对话已不仅是建筑外部形态的对话，而已成为现代人的生活与古代建筑文化的对话。新建筑使用最朴素、简单的材料和手法，但又不失国家最高学术机构的身份。

中国极地考察"十五"能力建设中山站工程
Zhongshan Station of Antarvtica, China

建设地址	中国南极中山站
用地面积	21hm²
建筑面积	3880m²
设计时间	2006
竣工时间	02/2011
获奖情况	全国优秀工程勘察设计二等奖
	中国建筑设计奖（建筑创作）银奖

Location	Zhongshan Station Of Antarctica, China
Site Area	21hm²
Floor Area	3880m²
Design Period	2006
Completion Date	03/2010

本项目为中国极地考察"十五"能力建设站区工程，位于中国南极中山站，设计内容包括站区规划（约20hm²）和建筑单体设计，包括：综合楼、高空物理观测栋、综合库、车库、高频雷达机房、废物处理栋、污水处理栋等，建筑面积约3880m²。2011年2月竣工。南极考察站的设计面临南极极端恶劣的环境、短暂的建设周期、长途艰难的运输、薄弱的现场施工能力、极高的安全保障、节能及环保要求。经过多次现场考察及深入的研究，制定出相应的设计策略，包括：站区规划与选址、建造体系、外部形态体系、节能与环保、建筑材料与构造等策略，在抵御恶劣环境、改善工作与生活环境、节能环保、降低运行成本等方面都达到预期目标，极大提升了中国南极考察的综合实力，使中国开始步入南极考察强国之列。

中山站综合楼首层平面图

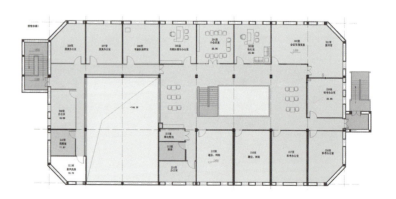

中山站综合楼二层平面图

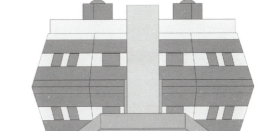

中山站空间物理观测栋立面图

国家电网电力科技馆综合体
State Grid Electric Power Science and Technology Museum Complex

建设地址	北京市西城区
建设单位	国网北京市电力公司
用地面积	1.1hm²（其中可建设用地 0.75hm²）
建筑面积	47767.75m²
合作单位	北京市电力经济技术研究院
设计时间	03/2009 ~ 06/2013
竣工时间	05/2014
获奖情况	2010 第十七届首都城市规划建筑设计汇报展 方案设计优秀奖
	2016 中国建筑学会建筑创作奖公共建筑类银奖
	FIDIC 工程项目奖（2016）提名奖
	2017 亚洲建协建筑奖荣誉提名奖

Location	Xicheng District, Beijing
Client	State Grid Beijing Electric Power Company
Site Area	1.1hm² (available area 0.75hm²)
Floor Area	47767.75m²
Cooperation	Beijing Electric Power Economic Research Institute
Design Period	03/2009~06/2013
Completion Date	05/2014

该项目为北京市新建地下市政基础设施和地上公共建筑工程综合体，总建筑面积 47767.75m²，含地上 24880.80m²，地下 22886.95m²，建筑高度 60m。项目包括 220kV 变电站主厂房及电力科技馆两部分内容。其中地下三~五层为变电站主厂房，地下二层以上为科技馆及电力客服中心办公用房。工程总投资 21.6 亿元，不含变电站设备建筑工程投资约 4.3 亿元。

该项目是我国市政商业地块混合利用的典型案例，为我国新型城镇化背景下城市用地存量优化开发提供了新思路；也是工业建筑和民用建筑规范双重应用的典型案例，是世界第一个运行可参观地下 220kV 运行变电站上整体建设的高层建筑，为后续城市用地存量优化积累了宝贵的技术经验；地下变电站是世界上首座全地下开放式可参观智能化变电站，也是 2009 年北京市政府重点工程煤改电工程的主要站点，在节能减排和减轻雾霾方面具有示范作用。

华能石岛湾核电厂厂前区建筑
Huaneng Shidaowan Nuclear Power Plant Office Building

建设地址	山东省荣成市
建设单位	中国华能电力集团公司
用地面积	16.543hm²
建筑面积	69115m²
设计时间	12/2007～1/2009
竣工时间	12/2000

Location	Rongcheng, Shandong Province
Client	China Huaneng Power Group
Site Area	16.543hm²
Floor Area	69115m²
Design Period	12/2007~1/2009
Completion Date	12/2000

华能山东核电厂厂前区的规划及单体建筑设计包括了办公、展示中心、会议、食堂、宿舍等。建筑体现了现代工业的精确美与机械美，合理实用，造型简洁。建筑体量没有附加的装饰。整体功能、结构、形式三者和谐统一，创造出高效、现代、简洁的工业建筑新形象。建筑材料采用与大体量反应堆的外立面协调一致的现浇清水混凝土外墙，以及玻璃、工字钢等材料，体现工业精神。接待中心位于厂区临海一隅，采用了当地传统的海草房形式，散落布置于沙滩、松林与蓝天白云之间。作为我国新一代核电反应堆的产业化基地，本项目建成后将成为一个学习与创新基地。设计在确保功能合理、流线清晰的前提下，力求创造出诸多交往空间。规划通过建筑、植被之间的围合、借景，创造出不同尺度的公共空间；通过建筑的退台、架空等处理，形成丰富的半公共活动空间。同时，在建筑的空间设计上也充分考量了办公与休息、讨论与学习等不同功能空间的需求。

大连理工大学创新大厦
Dalian University of Technology Innovation Building

建设地址	辽宁省大连市
建筑面积	36600m²
设计时间	2002~2004
竣工时间	2005

Location	Dalian, Liaoning Province
Floor Area	36600m²
Design Period	2002~2004
Completion Date	2005

大连理工大学创新大厦位于校园北部制高点，南俯校园并远眺大海，北依群山，是学校发展电子信息学科的重要基地。建筑根据地形的高低变化，在正中布置了十六层的高层科研办公楼。南部十一米高差的坡地广场两侧分别布置了学生创新实验楼和景观平台区。建筑内每两层设置一个共享空间，以利于学科交流，同时形成健康生态的小气候。形象上以黑色铝板外墙和银白色金属窗框形成对比，创造出庄重高雅的新建筑风格。

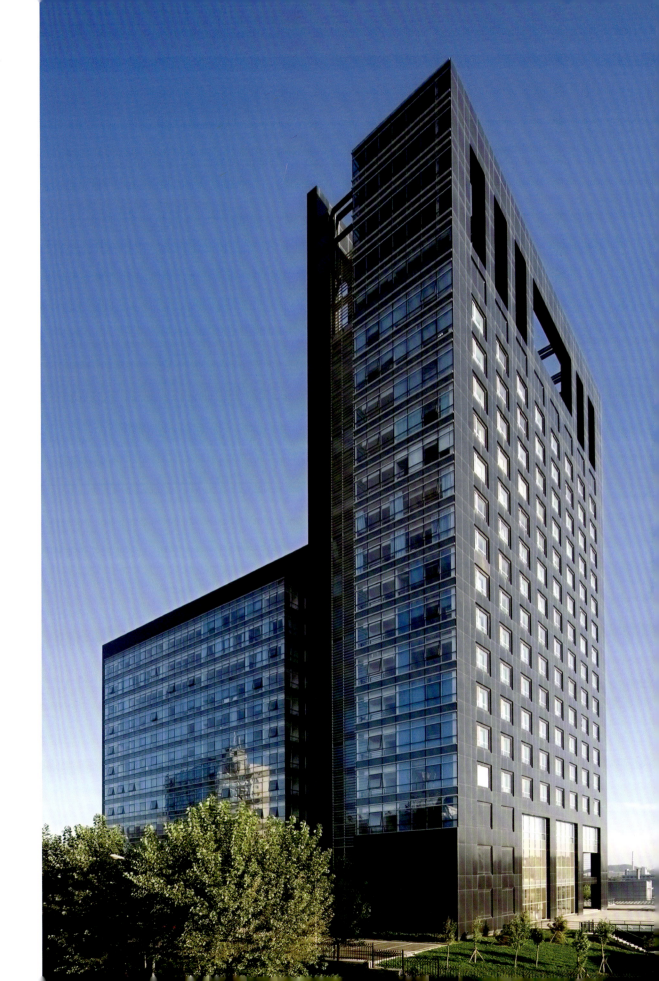

教育部综合办公楼
Office Building of Ministry of Education

建设地址	北京市
建筑面积	25642m²
设计时间	2001
竣工时间	2004
获奖情况	2005年度建设部优秀勘察设计评选三等奖
	2005年度教育部优秀建筑设计二等奖

Location	Beijing
Floor Area	25642m²
Design Period	2001
Completion Date	2004

项目位于教育部大院的北端，北临新拓宽的辟才大道。大楼平面为一字形，呈东西对称格局，北侧设有比较紧凑的入口广场，南侧留有宽敞的绿化内庭院。办公楼采用双核心筒、双内廊，对称布置。建筑坐北朝南，有较好的日照、采光及通风条件。设计积极吸取现代办公建筑的设计理念、方法和技术手段，关注新材料、新技术的应用，充分考虑办公信息化，创造人性化办公空间。建筑造型庄重典雅，简洁大方，新颖独特，富有时代气息和浓厚的文化教育氛围及政府办公建筑特征。

上海焦点生物技术研发中心
Shanghai Focus Biotechnology Research & Development Center

建设地址	上海市嘉定区
建设单位	上海焦点生物技术有限公司
用地面积	11041.6m²
建筑面积	31459m²
设计时间	05/2012
竣工时间	06/2016

Location	Jiading District, Shanghai
Client	Shanghai Focus Biotechnology Co., Ltd.
Site Area	11041.6m²
Floor Area	31459m²
Design Period	05/2012
Completion Date	06/2016

上海焦点生物技术有限公司研发中心由三栋建筑组成，研发中心1号楼、研发中心3号楼为8层，研发中心2号楼为5层，三栋楼用穿孔金属板幕墙统一为一体，建筑形态简洁大方富于变化，彰显科研企业的实力和创新精神。

方案在紧张的用地内最大限度地创造了近3000m²的中心院落。单体平面规整布局，房间方正实用，结合功能布局最大化利用日照条件。建筑形象简洁、鲜明，强调体量的整体感和气势。色彩明快，以浅色调为主，局部以"辉丰黄"色调，渗透出和谐温馨的感觉。中央设计下沉庭院，丰富景观层次，又为地下室提供了采光，提升了地下空间使用环境。内部庭院及沿河景观的整合设计，为园区工作生活营造了独特宜人的环境。办公部分采用正方平面，充分利用沿路和沿河景观并利于采光通风，空间可以灵活划分，适应不同需求。整体外观采用浅色穿孔板，有效过滤过多日照，有效防止西晒，改善建筑小环境，同时经过独特设计富有现代灵动感，表达了企业的标示性。南侧营销中心，相对独立，环境优越，营造便捷舒适的居住空间。建筑考虑与生态技术的结合，如双层幕墙的设置和立体绿化的运用，既符合时代发展，又赋予建筑高技术企业的内涵。

先正达生物科技研究实验室
Syngenta Group Bio-tech Lab

建设地址	北京市
建设单位	先正达生物（中国）有限公司
用地面积	2.526hm²（含一、二期）
建筑面积	17372m²（一期）
设计时间	04/2009 ~ 07/2009
竣工时间	12/2011
获奖情况	2012 年中国建筑学会建筑设计奖（建筑创作）银奖
	2013 年度教育部优秀工程设计奖二等奖

Location	Beijing
Client	Syngenta Biotechnology (China) Co., Ltd.
Site Area	2.526hm²
Floor Area	17372m²
Design Period	04/2009~07/2009
Completion Date	12/2011

先正达北京生物科技研究实验室项目，是先正达公司在中国的重要研发基地。项目分两期建设，总用地面积 2.526hm²。一期包括基地北侧布置的一期实验楼和用地南侧布置的一期温室，总建筑面积 17372m²。实验楼以简洁、明快为主线，通过高低变化、进退收放、虚实对比、内外空间的穿插渗透，使整栋建筑的功能与外在的建筑形体达到完美的结合。外立面实墙部分主要以干挂石材和贴挂面砖为主，局部墙面为干挂金属铝板墙面。主入口檐廊下一、二层墙面为大片玻璃幕墙，内庭院周边外窗主要为大片落地玻璃窗，通过玻璃的视觉通透性，使室内外空间得以相互穿插渗透，增加了室内工作环境的品质。一期温室以科技性和功能性为主，以轻钢结构为骨架，外面附以能够投射大量阳光的玻璃外墙和玻璃顶棚。整个造型以满足内部使用功能为主。

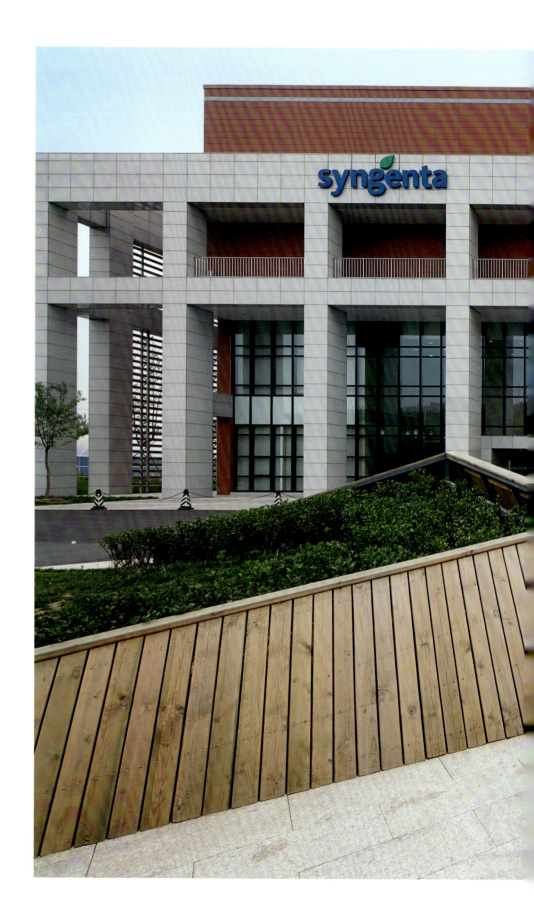

中国驻印度尼西亚使馆经商处新馆
Economic and Commercial Office of China Embassy in Indonesia

建设地址	印度尼西亚雅加达
建设单位	北京城建集团有限责任公司
用地面积	0.34hm²
建筑面积	3160m²
合作单位	清华大学建筑学院
设计时间	2007～2013
竣工时间	08/2014

Location	Jakarta, Indonesia
Client	Beijing Urban Construction Group Co., Ltd
Site Area	0.34hm²
Floor Area	3160m²
Cooperation	School of Architecture, Tsinghua University
Design Period	2007~2013
Completion Date	08/2014

项目位于雅加达南区的城市核心地段，紧邻中国驻印度尼西亚大使馆，于2014年建成使用。印尼商务馆舍是典型的"飞地"形式，既要考虑设计地段所在国家和城市本土的地域气候与环境特征，也要体现中国建筑的气质，其"地域性"具有双重含义。只有同时表达地域性的双重性，才能凸显飞地和飞地建筑自身的特殊意义。这一理念体现在"此地"和"此境"两个方面："此地"注重飞地建筑"建造地点的真实性"，及所"在"国家与地区的地域特征，注重结合具体地段特征，以及当地气候与环境条件，来展现"此地"建筑的地域性；"此境"注重飞地建筑"使用主体的真实性"，及所"属"国家与地区的地域特征，是中国传统文化意境和当代精神气质的思想展现。

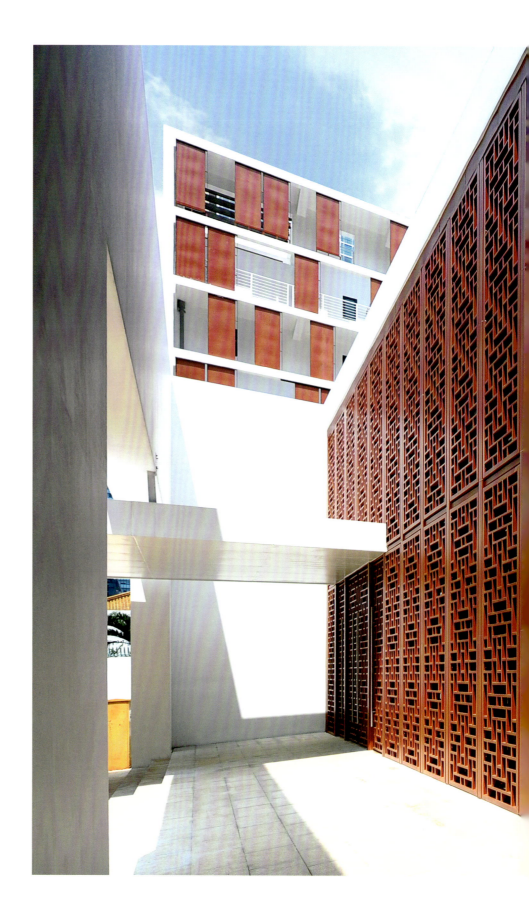

联合国工业发展组织国际太阳能技术促进转让中心
UNIDO Solar Energy Technology Center

建设地址	甘肃省兰州市
建设单位	联合国工业发展组织
用地面积	2.364hm²
建筑面积	13977m²
设计时间	11/2006
竣工时间	06/2010
获奖情况	2011年度第六届中国建筑学会建筑创作奖、佳作奖
	2011年度教育部优秀工程勘察设计奖三等奖

Location	Lanzhou, Gansu Province
Client	United Nations Industrial Development Organization
Site Area	2.364hm²
Floor Area	13977m²
Design Period	11/2006
Completion Date	06/2010

联合国工业发展组织国际太阳能技术促进转让中心，是联合国工业发展组织在甘肃确定发展建设的太阳能专门研究和开发机构。项目由国际会议中心、国际办公、实验研发、接待服务等四类功能组成；其中国际会议中心位于场地的东南侧，由国际办公、实验研发和接待服务共同组成的中心主楼位于场地北侧，其中实验研发部分与接待部分（标准客房76间，150床）分别位于主楼的东、西两段，国际办公部分集中设置在主楼的三层，人防（抗力等级为核六级，作为战时二等人员掩蔽部）及辅助性设备机房位于接待部分地下层。

建筑在结合成熟的太阳能技术的同时，集中考虑了从被动式设计到"太阳墙"、地源热泵系统、聚风小型风力发电、屋顶绿化、生物污水处理系统等多种绿色建筑设计策略，同时用横向构图反映西北地区特殊的雅丹地貌特色，从而使建筑兼具时代特色与地方个性。

居住

北京菊儿胡同新四合院住宅

清华大学专家公寓

APEC峰会雁栖湖红双喜别墅——鹿鸣居

钓鱼台7号院

北京九章别墅

天津渤龙湖总部基地生态居住区

怀柔龙山御景

南京江宁万达公馆

上海锦绣江南家园

百旺 · 茉莉园

北京园博府

学清苑

HOUSING

New Quadrangle Residential Area in Beijing Ju'er Hutong

Experts' Apartment of Tsinghua University

APEC Site Hongshuangxi Villa

Diaoyutai Courtyard No.7

Beijing Jiuzhang Villa

Tianjin Bolonghu Headquarters Base Eco-Housing District

Huairou Longshanyujing

Nanjing Jiangning Wanda Residence

Jinxiu Jiangnan Residential Area in Shanghai

Baiwang Jasmine Garden

Beijing Yuanbo Residence

Xueqing Garden

北京菊儿胡同新四合院住宅
New Quadrangle Residential Area in Beijing Ju'er Hutong

建设地址	北京市
建筑面积	2760m²
合作单位	清华大学建筑学院
设计时间	1989
竣工时间	1990
获奖情况	1991年国家优秀设计银奖
	1991年城乡建设系统部级优秀设计二等奖
	1991年国家教委优秀工程设计一等奖
	1991年北京市科学技术进步一等奖
	1992年北京市第五次优秀设计评选一等奖
	1993年"世界人居奖"

Location	Beijing
Floor Area	2760m²
Cooperation	School of Architecture, Tsinghua University
Design Period	1989
Completion Date	1990

北京的城市设计是大至故宫宫廷广场，小到民居四合院，大小不一但俨然一体的合院体系，再以大街、胡同为经纬，建筑物高低有致，形成严谨的城市肌理。近代新建的建筑，特别是住宅建设，每每破坏了这一传统的环境肌理。菊儿胡同住宅建筑群的试验，是建立在"有机更新"的历史城市发展理论上，对"类四合院"、"新住宅体系"的一种尝试。

清华大学专家公寓
Experts' Apartment of Tsinghua University

建设地址	清华大学校园内
建筑面积	2500m²
设计时间	2002~2003
竣工时间	2005
获奖情况	2004年全国城市住宅设计研究网"第八次城镇住宅优秀设计工程评选"一等奖
	2005年度教育部优秀城镇住宅及住宅小区设计二等奖

Location	Tsinghua University
Floor Area	2500m²
Design Period	2002~2003
Completion Date	2005

本工程分两期设计、建设，是为海外访问交流的学者提供的短期居住场所，属于高档酒店式公寓。一期工程由三栋既独立、又相互联系的别墅式住宅院落组成，地上二层；结构形式为砖混结构，局部框架。每户均有独立的内院和园林，环境宜人。住宅内部的生活、办公、会客等空间通过连廊联系。二期工程由四栋小楼及连廊组成，建筑为地上二、三层，局部地下一层；结构形式以剪力墙形式为主，钢结构、框架结构为辅。主体建筑包括从52m²~159m²大小不等的公寓12户，公共活动空间及辅助用房。二期工程亦为院落式布局，以一条百叶与玻璃构成的轻巧步廊联系四栋公寓小楼，并形成几个相对独立的绿色庭院，为专家们创造出私密宁静的居住环境。考虑到要与周边建筑及环境相协调，建筑采用大面积灰白色弹涂墙面与局部深灰色面砖相结合的手法；以灰白色调为主的建筑群整体高低起伏，错落有致，在绿荫丛中显得格外朴素大方，清新淡雅，彰显学者们的文化品位和清华校园的深厚文化内涵。公寓单体的设计本着以人为本的原则，考虑到外国学者的生活特点和习惯，设计了书房与开敞式厨房；餐厅与客厅南北相对布置，需要时可将两厅合并为一大厅；另外起居厅部分顶层局部加高，既营造了顶层的舒适空间，又使立面富于变化。

APEC 峰会雁栖湖红双喜别墅——鹿鸣居
APEC Site Hongshuangxi Villa

建设地址	北京市
建设单位	北京北控国际会都房地产开发有限责任公司
用地面积	1hm²
建筑面积	7593m²
设计时间	06/2011 ~ 10/2011
竣工时间	06/2014

Location	Beijing
Client	Beijing Beikong International Real Estate Development Co., Ltd
Site Area	1hm²
Floor Area	7593m²
Design Period	06/2011~10/2011
Completion Date	06/2014

北京雁栖湖国际会都4号别墅位于北京市雁栖湖岛，为接待参与G20峰会领导人而建造，立足于中国传统文化，力求体现中式别墅之大气与威严。建筑风格上采用古典建筑中的北方形式，代表着中国建筑的一方文化。方案对建筑的使用功能进行了合理的考量，别墅内设有宴会厅、接见厅、总统套房、总统夫人套房、儿女套房、贵宾套房以及各种休闲娱乐空间，功能齐全、配置豪华。通过合理组织各种功能，使用舒适、安全、便捷。与此同时，考虑峰会后的延续使用，功能灵活合理，有着很强的适应性。别墅设计充分考虑了太阳能、地热等可持续能源的开发利用，并考虑雨水回收利用以及减少废弃物排放措施，打造低碳生态建筑。

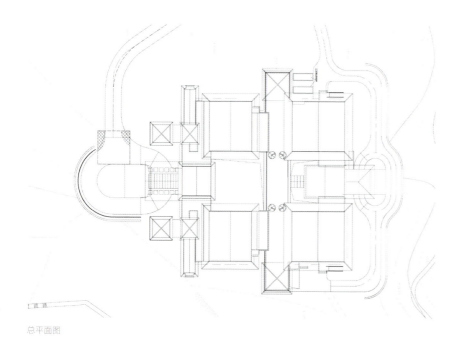

总平面图

THAD 居住

立面图

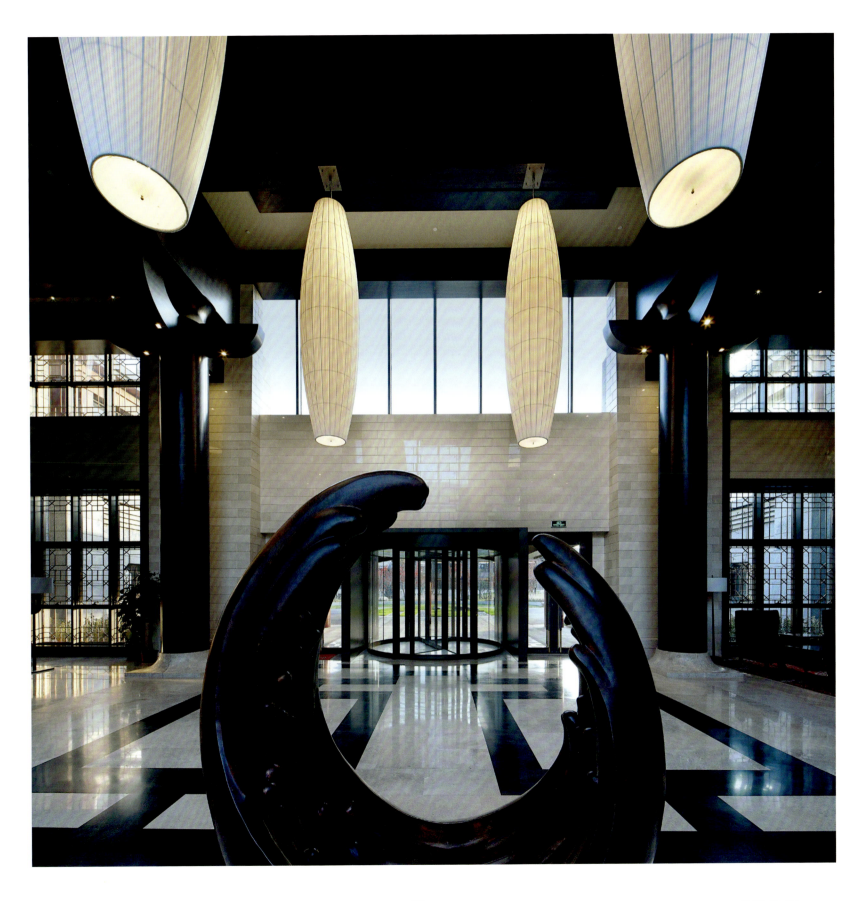

钓鱼台 7 号院
Diaoyutai Courtyard No.7

建设地址	北京市
建设单位	中赫置地投资控股有限公司
用地面积	1.67hm²
建筑面积	73000m²
设计时间	2008 ~ 2010
竣工时间	12/2012
获奖情况	2009 年度全国人居经典建筑规划设计方案竞赛综合大奖
	第十七届首都规划设计汇报展优秀方案奖
	北京市第十六届优秀工程设计奖二等奖
	2012 年中国建筑学会建筑设计奖（建筑创作）金奖
	全网"第十一次优秀设计工程评选"单体设计二等奖

Location	Beijing
Client	Sinobo Land Investment Co., Ltd.
Site Area	1.67hm²
Floor Area	73000m²
Design Period	2008~2010
Completion Date	12/2012

项目整体规划呼应玉渊潭北岸的独特自然地貌，充分利用用地的景观特征，100 户公寓沿湖面展开。建筑设计采用 100 万块传统工艺烧制的红砖，应用于建筑的墙、柱、屋檐、腰线等部位。外墙砌筑工艺采用清水砖幕墙系统，这是针对剪力墙高层住宅系统开发的一种外装饰系统，红砖采用定制的手工三孔砖。剪力墙系统在每层层高（3.4m）处设结构挑板承载每一层的砖荷载，在每层 1.7m 处增设配合建筑造型的钢结构骨架，砌筑过程中每隔 3 ~ 4 匹砖设水平向拉结筋，纵向每隔 0.6m ~ 1.2m 通过三孔砖的砖孔纵向穿钢筋，内灌砂浆，与水平筋拉结，形成整体板状墙体并与预埋在混凝土结构内的预埋件形成刚性连接，使之整体稳定。砖幕墙系统在美化建筑造型的同时，由于其与内部结构体系留有空气间层，形成了对结构体系的保护、提升了建筑的保温节能性能。

钓鱼台 7 号院契合中国建筑的传统装饰元素，将十二章纹的文化元素贯穿其中，配合唐草、浮尘与云纹图案，抽象后点缀于建筑之中，丰富建筑肌理，彰显历史文脉。

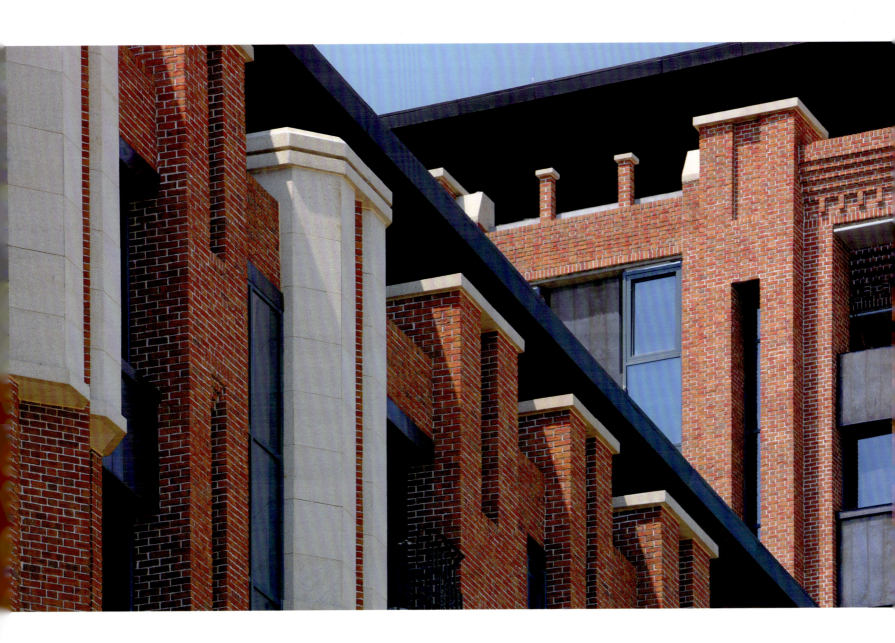

北京九章别墅
Beijing Jiuzhang Villa

建设地址	北京市
建设单位	北京诚通华亿房地产有限公司
用地面积	8.6hm²
建筑面积	91924m²
合作单位	中国建筑技术集团有限公司
设计时间	02/2012 ~ 12/2012
竣工时间	04/2013

Location	Beijing
Client	Beijing Chengtong Asian Real Estate Co.,Ltd
Site Area	8.6hm²
Floor Area	91924m²
Cooperation	China Building Technique Group Co., Ltd
Design Period	02/2012~12/2012
Completion Date	04/2013

项目核心主旨是在北京朝阳区这一片优质的城市绿化森林中，展现庄子"放达人生、天地唯我"的精神理念，通过砖石语言的现代工艺组合来探索中国传统文化的现代传承。设计将使用者作为最终核心，而不是简单纯粹的中式别墅，通过设计将使用、平衡、美学、工艺结合展现，塑造一座具有中国元素的当代建筑。

建筑外装主材选用红砖、石材、复合蜂窝铜板及陶瓷。清水砖幕墙系统结合陶土砖的古朴质感及现代工艺，独创"砖斗拱"的现代表达。石材采用整体外墙干挂体系，通过精致的雕刻和线脚处理形成独特的石材建筑语言。铝蜂窝铜板的使用大大提升了一般装饰铜板的整版平整度及整体强度，同时又保留了铜板作为传统装饰材料的丰富表情。陶瓷的使用主要在栏杆、扶手等精致部位，在景德镇专门烧制。项目中，传统的材料被重新定义、开发和创造性使用，用简约的营造方式体现具有传统精神内涵，以及时代特性的建筑之美。

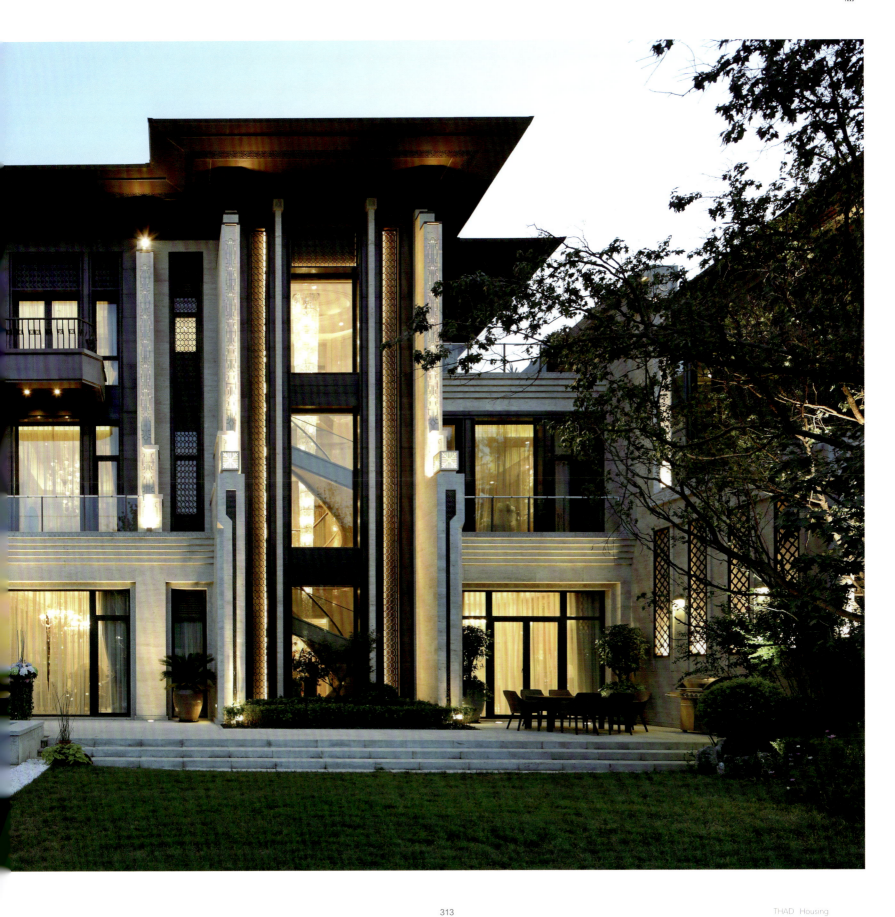

天津渤龙湖总部基地生态居住区
Tianjin Bolonghu Headquarters Base Eco-Housing District

建设地址	天津市
建设单位	天津海泰博爱投资有限公司
用地面积	9.94hm²
建筑面积	107107m²
合作单位	齐欣建筑设计咨询公司
设计时间	10/2010 ~ 11/2011
竣工时间	2013
获奖情况	2012年度全国人居经典建筑规划设计方案竞赛规划、建筑双金奖

Location	Tianjin
Client	Tianjin Hi-tech Fraternity Investment Co., Ltd
Site Area	9.94hm²
Floor Area	107107m²
Cooperation	Qixin Architectural Design and Consulting Co., Ltd
Design Period	10/2010~11/2011
Completion Date	2013

渤龙湖坐落于天津老城和滨海新区之间，是一片自然的水面，整修后将兼具景观和蓄水两种功用。环绕水面，设计出一个兼商业、办公、居住为一体的新区。为形成从城市尺度向行人尺度的转换，在街角布置了规模较大的商业铺面，并空出一定的户外空间，以疏导人流。为突出不同店面的商业形象，街道两旁的建筑被分解成大大小小的体块。体块出现的同时，户外空间时而扩大，时而缩小，从而增强商业建筑的活力。骑楼在商业建筑中往往起着重要的作用，不仅能遮阳避雨，还能有效地塑造街道的整体形象，将缤纷的店面统辖起来。公建区域平行布置了四条带形建筑：靠街的两条为商业，退后的两条分别为办公和酒店式公寓。由于商业建筑的位置显要，因此方案将其中的一条建筑的头部抬高，以构成湖对岸商业长街的对景。为满足广大住户的需求，公共建筑的带状语言一直延续到了南北两侧的住宅区，促成南北朝向的公寓。四层的单体住宅长短相间，打破了带形布局的单调，勾画出生动的户外活动场所。与此同时，四层的板楼上还间或出现了三层半的小房子，不仅能够让人们充分地享受湖景，还在空中为住宅区营造了活跃的气氛。

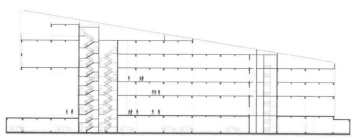
商业部分剖面图

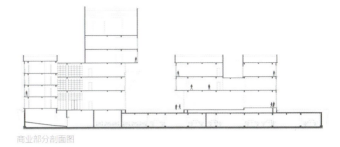

商业部分剖面图

怀柔龙山御景
Huairou Longshanyujing

建设地址	北京市
建设单位	北京安宝房地产开发有限公司
用地面积	3.85hm²
建筑面积	163009m²
设计时间	06/2010 ~ 04/2012
获奖情况	2011年度全国人居经典建筑规划设计方案竞赛综合大奖

Location	Beijing
Client	Beijing Anbao Real Estate Development Co., Ltd.
Site Area	3.85hm²
Floor Area	163009m²
Design Period	06/2010~04/2012

项目位于北京市怀柔水库旁，风景优美，项目外部具有水库、山体等优质景观元素，因此大景观理念自然成为方案构思的首要考量。在本项目的设计中秉承和贯彻了"和谐"主题，凸显景观稀缺价值。如何充分利用内外景观元素，设计一处与景观和谐相处的建筑群是本设计需要思考和解决的问题。该地块东侧隔一座自然山体远眺怀柔水库。设计构思上利用自然远山的代表性景观，住宅垂直于山脉走向布置，形成楼与楼之间到水面的视线景观通道，使得小区良好的外部景观和内部中心花园相互交融。目前的建筑和规划设计中，生态和环境是时刻需要重视的主体。设计从设备到材料采用了多项创新技术，力争达到领先水平，创造可持续发展的生态示范小区。

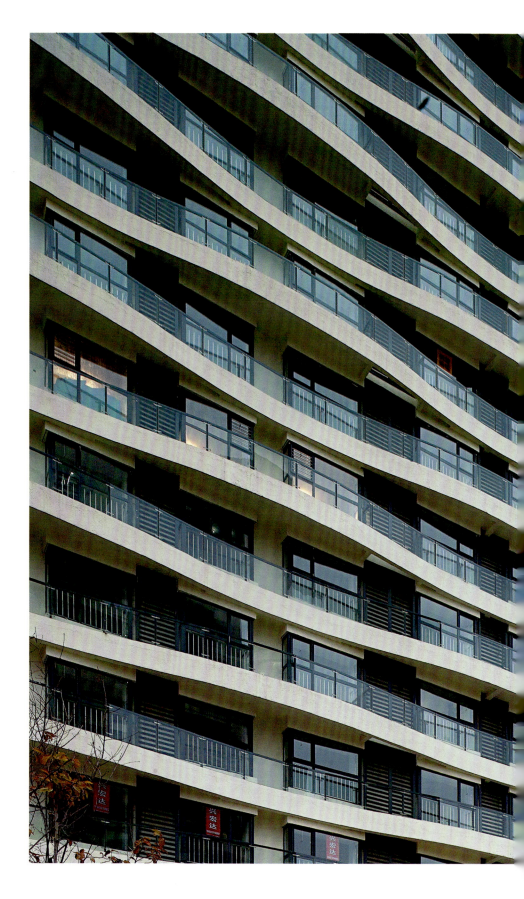

南京江宁万达公馆
Nanjing Jiangning Wanda Residence

建设地址	江苏省南京市
建设单位	万达集团
用地面积	3.3hm²
建筑面积	104500m²
合作单位	南京金宸建筑设计有限公司
设计时间	01/2012 ~ 10/2012
竣工时间	12/2014
获奖情况	2012年度万达优秀设计奖

Location	Nanjing, Jiangsu Province
Client	Wanda Group
Site Area	3.3hm²
Floor Area	104500m²
Cooperation	Nanjing Kingdom Architecture Design Co., Ltd
Design Period	01/2012~10/2012
Completion Date	12/2014

南京江宁万达广场万达公馆项目位于南京市江宁区核心地段，由两栋80m高层豪宅和3栋联排别墅组成。高层豪宅户型结构设计规整大气，豪华舒适；外立面采用西方古典建筑造型风格，与旁边现代风格的万达广场、Art-Deco风格的万达嘉华酒店产生强烈的视觉对比，形成空间层次丰富、建筑语言多元的大型城市综合体，成为整个江宁商业中心的地标性建筑群。

上海锦绣江南家园
Jinxiu Jiangnan Residential Area in Shanghai

建设地址	上海市
建筑面积	400000m²
设计时间	1999~2001
竣工时间	2002
获奖情况	国家第十一届优秀工程设计铜奖
	2003年度建设部优秀勘察设计二等奖
	2003年度教育部优秀勘察设计评选"城市住宅与住宅小区"二等奖
	2001年全国新世纪人居经典住宅小区 人居经典综合大奖

Location	Shanghai
Floor Area	400000m²
Design Period	1999~2001
Completion Date	2002

锦绣江南居住区位于上海市闵行区，规划用地面积31万m²，总建筑面积40万m²。含高层、多层住宅、联排及独立式别墅、会所、学校、幼儿园等。总体规划紧扣江南水乡主题，道路曲折变化，住宅组团高低错落，通过人造坡地，人造水网以及具有江南民居特色的景观街，共同营造出小桥流水的江南居住小区。居住区一期在虹泉路北，含位于入口的会所一，沿金汇路东侧的江南景观街，景观街南端的会所二及多层及小高层住宅，建筑面积共9万m²。住宅户型以浅进深、大面宽为主要特点，充分考虑了居住采光、通风、观景的需要。住宅造型吸取了江南居坡屋顶、双脊等多种元素，塑造了极具特色的住宅形象。

百旺·茉莉园
Baiwang Jasmine Garden

建设地址	北京市
建筑面积	32.8hm²
设计时间	2003~2006
竣工时间	2006
获奖情况	2005年第十届首都城市规划建筑设计方案汇报展暨城市建筑节能设计成果展"住宅与居住区优秀规划设计"方案奖
	2006年全国城市住宅设计研究网住宅优秀设计评选建筑一等奖及规划二等奖
	中国环境学会环保型人居工程

Location	Beijing
Floor Area	32.8hm²
Design Period	2003~2006
Completion Date	2006

百旺·茉莉园南隔城市绿化带与京密引水渠及百望山国家森林公园相望。周边绿化优美,自然环境极为优越。体现海淀区浓厚的文化气息,摒弃夸张、喧闹的商业化手法,通过红砖、灰砖等传统材料的应用,表现出一种朴实含蓄的豪华感,同时结合钢材、铝板等现代材料与工艺,把内敛厚重的文化感与现代科技的新锐与活力结合起来;充分利用本小区所处地段独特的风景资源。通过飘窗、落地窗以及宽大的观景阳台、屋顶露台等体现对景观的充分利用,并因此形成建筑造型最主要的元素;体现出强烈的郊野化特征。观景公寓立面风格不同于传统的板式住宅,通过灵活的体量进退、外挂楼梯、坡屋顶以及砖、瓦、钢材等自然材料的应用,体现对自然的亲近以及浓郁的生活气息;小高层部分外部空间疏朗、空透,立面则运用深暖色无光面砖为主体,白色涂料为辅,黑色窗框与栏杆,木质扶手和百叶,充分呼应总体风格,营造符合地段特色的居住空间,并且与景观公寓相协调。

北京园博府
Beijing Yuanbo Residence

建设地址	北京市
建设单位	万年基业集团
用地面积	3.04hm²
建筑面积	90600m²
合作单位	北京首都工程技术有限公司
设计时间	06/2011 ~ 06/2012
竣工时间	10/2014
获奖情况	2012年度全国人居经典方案竞赛综合大奖
创新风暴·2012中国居住创新典范："国际人居创新影响力示范楼盘"

Location	Beijing
Client	Vanion Group
Site Area	3.04hm²
Floor Area	90600m²
Cooperation	Capital Engineering Corporation
Design Period	06/2011~06/2012
Completion Date	10/2014

园博府居住小区位于北京市丰台区长兴国际生态城南部，作为长兴国际生态城生活配套区的首发启动项目，提出"山水人文生态新城，和谐共融绿色社区"的定位目标，依据当地自然资源禀赋和社会经济发展状况，通过生态规划最大限度地节约资源，修复生态环境，减少碳排放，创造环境友好、资源节约、社会和谐、经济繁荣的人文居住环境，带动北京河西区域城市发展新貌。园博府居住小区在落实生态规划指标的基础上，进一步梳理生态技术系统，逐一选取适应性技术措施予以实现。坚持"外部环境－建筑－内部使用者"整合思考的原则，因地制宜、气候导向地构建生态策略和技术体系。

学清苑
Xueqing Garden

建设地址	北京市海淀区
建设单位	清华大学
用地面积	73458.1m²
建筑面积	216511.11m²
设计时间	2010
竣工时间	2014

Location	Haidian District, Beijing
Client	Tsinghua University
Site Area	73458.1m²
Floor Area	216511.11m²
Design Period	2010
Completion Date	2014

清华大学学清苑教师住宅小区位于北京市海淀区学清路107号。东侧为小月河及绿化带，南侧为20m红线城市规划路及学知园、学知轩住宅小区，西侧为60m红线城市规划路学清路及逸城东苑住宅小区，北侧为40m红线城市规划路，与科技财富中心相邻。

住宅采用全现浇混凝土剪力墙结构体系，住宅分为板式和塔式两种类型。户型分别为100m²/户（三室一厅一卫）、120m²/户（三室两厅两卫）。

设计秉承以人为本的宗旨，在两个主题社区中配以不同的主题景观概念与不同的植物种类，使每个主题区的人文景观与植物景观均有所不同，具有自己独特之处，每个主题社区都有自己独特的个性与可识别性。其含义分别取自清华园内的特色建筑或景点，表现了清华校区文脉的延续和历史传承，也体现了教师居住区的文化氛围。

遗产保护

清华大学大礼堂

清华学堂

清华大学工字厅保护修缮工程

北京国会旧址

布达拉宫雪城斋康珍宝馆

恭王府

杭州雷峰新塔

北京大学海淀校区文物保护规划

HERITAGE PROTECTION

Tsinghua University Main Auditorium
Tsinghua School
President's Office of Tsinghua University
Beijing Congress SIte
Potala Palace Treasure Hall
Prince Gong Mansion
New Leifeng Tower
Conservation Planning of Peking University

清华大学大礼堂
Tsinghua University Main Auditorium

建设地址	北京市
建设单位	清华大学
项目性质	修缮保护
建筑面积	2408m²
合作单位	清华大学建筑学院
设计时间	04/2009
竣工时间	02/2011

Location	Beijing
Client	Tsinghua University
Project Nature	Repair and Protection
Floor Area	2408m²
Cooperation	School of Architecture, Tsinghua University
Design Period	04/2009
Completion Date	02/2011

清华大礼堂建成于1921年，由美国建筑师墨菲设计，是一座罗马式和希腊式的混合古典柱廊式建筑。它作为清华大学早期建筑之一，于2011年被列入国家重点文物保护单位。大礼堂建成后主要用于学生活动，兼为会议、典礼等服务，是清华大学的重要学生活动场所，也是清华大学的标志。2011年百年校庆的图标便是以清华大礼堂为原型创作。大礼堂达到了极高的建筑艺术成就，并具有重要的艺术、科学和社会价值，很多和清华有关的绘画、文学创作都以大礼堂为背景，她也是很多清华重要历史事件的发生地。

为了让大礼堂在百年校庆之际焕发青春，更好的服务学生，由朱文一、罗云兵牵头，王志浩为顾问组成了研究团队。建筑学院、土木工程系和清华大学建筑设计研究院从2006年开始对清华大礼堂进行全面测绘和修缮方案设计，经过三年多的研究确定了实施方案并于2011年4月百年校庆前顺利完工。整个修缮工程力求保持大礼堂建筑原貌，并弥补原有设计针对现在使用的不足，从加固礼堂结构、修复礼堂外观、提升观演品质、调整声学环境、利用地下空间、展示礼堂文物、改善室外环境等多个方面对大礼堂进行了全面优化，让大礼堂成为适应现代功能的综合性学生活动舞台。

清华学堂
Tsinghua School

建设地址	北京市
建设单位	清华大学
项目性质	修缮保护
建筑面积	4694m²
合作单位	清华大学建筑学院
设计时间	02/2010
竣工时间	03/2011

Location	Beijing
Client	Tsinghua University
Project Nature	Repair and Protection
Floor Area	4694m²
Cooperation	School of Architecture, Tsinghua University
Design Period	02/2010
Completion Date	03/2011

清华学堂建筑是清华大学的前身清华学堂的所在地。这座全国重点文物保护单位建成于1911年，是一幢两层的德式建筑。清华学堂最初的功能是教室，后来陆续变为宿舍、院系办公场所，一度作为学校科研院、教务处、学生部和注册中心，为全校师生服务。清华学堂具有重要的历史价值和艺术价值，成为清华人心中清华的象征与标志。

21世纪以来，历经百年的清华学堂出现了结构破损、外观失修、功能失调等问题，为了让清华学堂在百年校庆之际展现更良好的面貌，由朱文一、罗云兵牵头，王志浩为顾问组成了研究团队，从2009年开始对清华学堂进行了测绘、结构检测和修缮方案研究，历经2年的探讨确定了清华学堂恢复修建之初的教学功能。

整个方案力求维持学堂原貌，从加固学堂结构、修复学堂外观、完善建筑功能、展示学堂历史、改善室外环境等多个方面对清华学堂进行了全面优化，使之成为"清华学堂班"培养计划的专门教学场所。为了使得整个建筑内部更加和谐统一，课桌椅、黑板等家具也一并纳入方案设计通盘考虑。修缮后的清华学堂既完整保持了百年来的传统面貌，也通过巧妙而精心的设计使之充分适应现在的功能要求，得到了使用者的广泛好评。

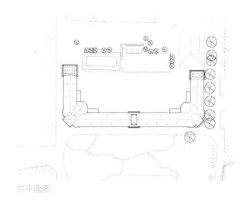

总平面图

清华大学工字厅保护修缮工程
President's Office of Tsinghua University

建设地址	北京市
建筑面积	3180m²
合作单位	清华大学建筑学院
设计时间	1998～2000
竣工时间	2001年（修复）
获奖情况	联合国教科文组织亚太地区文化遗产保护奖（2002年）

Location	Beijing
Floor Area	3180m²
Cooperation	School of Architecture, Tsinghua University
Design Period	1998~2000
Completion Date	2001

工字厅建筑群是清朝皇家赐园清华园的重要组成部分，1908年在清华园的基址建立了清华大学的前身——留美预备学校。建校后工字厅曾作为行政办公室和文娱中心，并接待过历史名人，曾作为教工宿舍居住过许多中国近代历史著名的文人学者，现为清华大学行政办公机构所在地。岁月沧桑，工字厅建筑格局发生改变，建筑细部也因不同时期的修缮和填建而不统一，日渐残破的建筑也不能满足学校办公的使用要求。

工字厅修复与保护工程始于1998年，它不仅从功能和结构方面，更主要的是从历史的角度寻求合理的解决方案。工程的主要目标一是复原建筑群和保护主要的历史建筑，二是改造环境和内部装修，使其满足清华大学行政办公的使用要求。为获得真实准确的复原依据，该项目在详细的现状调查和文献研究基础上展开。最终制定并施加于历史建筑的保护措施严格遵循了当今文物保护理念，采用传统原料和工艺，并针对工字厅建筑群的特点与各方面的专家和优秀的传统建筑工匠通力合作，保证了材料和工艺的真实性。对于不可避免需要增加的新材料和新工艺也在可逆性、可识别性以及对文物本体实施最少干预的原则下进行。

北京国会旧址
Beijing Congress Slte

建设地址	北京市
建设单位	新华社大院改造办公室
项目性质	修缮保护
用地面积	6300m²
建筑面积	4350m²
设计时间	2008
竣工时间	05/2011

Location	Beijing
Client	Xinhua News Agency
Project Nature	Repair and Protection
Site Area	6300m²
Floor Area	4350m²
Design Period	2008
Completion Date	05/2011

北京国会旧址位于宣武门西大街57号，1913~1924年为民国国会众议院所在地，现为新华通讯社，为全国重点文物保护单位。本工程主要涉及图书馆、仁义楼、礼智楼的保护修缮。修缮后此三栋文物建筑作为新华社历史陈列馆使用。依据文物保护相关法律法规、结构安全检测报告及现场勘查，并结合相关文件，对三栋文物建筑制定结构加固、挑顶维修的保护修缮方案，设计原则如下：彻底消除每座文物建筑的不安全隐患；合理利用文物建筑；严格遵守不改变文物建筑原状的原则，在维修中真实性地保护每座文物建筑中所具有的历史文化信息，在维修中对于必须更换和添加的构件设备等坚持可识别的原则；进行环境绿化景观设计，为文物建筑创造良好的外部空间环境。

布达拉宫雪城斋康珍宝馆
Potala Palace Treasure Hall

建设地址	西藏自治区拉萨市
建设单位	布达拉宫管理处
项目性质	维修改造
用地面积	2224m²
建筑面积	2199m²
设计时间	2004
竣工时间	2006
获奖情况	2011年度全国人居经典建筑规划设计方案竞赛建筑金奖

Location	Lhasa, Tibet AR
Client	Potala Palace Management Office
Project Nature	Renovation
Site Area	2224m²
Floor Area	2199m²
Design Period	2004
Completion Date	2006

项目方案从总平面关系入手，按照任务书的要求在斋康南面，原德聂住宅的位置，设一处游客中心，然后以两座建筑为主体，通过墙、廊等元素恢复原有的院落围合，划定新增功能所带来人流的活动范围，使之与直接登山的客流分隔，同时保护好遗留的树木并在东侧留出复建运水骡院的用地。这样，既解决了参观者在行进中的建筑尺度、密度的感受问题，也完善了俯视的整体效果。

从建筑单体的角度，更新采用外部原样翻修、内部全面改造的方式。斋康的外部形式已经成为雪城整体形象的一部分，整个雪城又作为布达拉宫1994年"申遗"成功的重要附属建筑不应轻易改变，而斋康的内部屡经"现代"改造，"申遗"前就已经不具有文物价值，因此可以为了完善对外展示的整体功能而进行改造。

恭王府
Prince Gong Mansion

建设地址	北京市
建设单位	文化部恭王府管理中心
项目性质	修缮保护
建筑面积	12600m²
合作单位	清华大学建筑学院 中国文化遗产研究院
设计时间	10/2004～08/2008
竣工时间	12/2008
获奖情况	2011年度北京市第十五届优秀工程设计"历史文化名城保护建筑设计优秀奖"

Location	Beijing
Client	Gongwangfu Management Center, Ministry of Culture
Project Nature	Preservation
Floor Area	12600m²
Cooperation	School of Architecture, Tsinghua University; Research Institute of Chinese Cultural Heritage
Design Period	10/2004~08/2008
Completion Date	12/2008

此次的修缮保护工作体现了国家文物建筑保护工程的科学性、完整性、先进性。它表现在以下几个方面：修复工程中坚持采用原材料、原结构、原技术的方针和做法，采取多种科学手段进行保护工作。如对于结构用材进行了木材品种、病虫害的全面调查与鉴定，并在此基础上采取防腐、防虫等保护措施。对于有残损的木构件，进行了碳纤维加固。对于新添木料选择与原有品种相适应的木材，并采用了超声波检测，剔除了中空不合格的木料。对于王府中所存留的老彩画进行了年代鉴别，并根据每幢建筑上不同的遗存，分别进行修复彩画的设计。运用了除尘、清洗、软化、回帖等工艺，延长其寿命。对缺失的建筑通过考古发掘，查找其准确位置，并以留存的样式雷图档及有关文字档案史料、中国营造学社1937年测绘图、老照片等为依据进行了复原设计。同时还对近代改做其他使用功能后的建筑格局变更，进行了复原，使其忠实地体现出王府的本来面貌。

修复后的恭王府将成为"王府博物馆"。

杭州雷峰新塔
New Leifeng Tower

建设地址	浙江省
建筑面积	8000m²
合作单位	清华大学建筑学院
设计时间	2001
获奖情况	全国第十一届优秀工程设计项目银奖
	2003年度建设部优秀勘察设计二等奖
	2003年度教育部优秀勘察设计评选"建筑设计一等奖"
	2005年中国建筑学会优秀建筑结构设计奖三等奖

Location	Zhejiang Province
Floor Area	8000m²
Cooperation	School of Architecture, Tsinghua University
Design Period	2001

雷峰新塔位于杭州市西湖南岸的夕照山脚，覆于原雷峰塔遗址之上。设计以保护古塔遗址为宗旨，体现出尊重历史、保全文物、满足杭州市人民对雷峰塔的怀念之情，同时要与西湖整体环境相协调。雷峰新塔外形为五层楼阁式塔，即雷峰塔当年完好时的形象，一层副阶周匝，上部四层塔身有平座腰檐环绕，下部塔基内有较大的空间包容并展示遗址。塔的主体结构采用钢结构。塔内有五部楼梯和四部电梯，满足游人登塔的需要。

北京大学海淀校区文物保护规划
Conservation Planning of Peking University

建设地址	北京市
设计时间	2005
竣工时间	2006
获奖情况	北京市第十三届优秀工程设计规划设计二等奖

Location	Beijing
Design Period	2005
Completion Date	2006

"未名湖燕园建筑"不仅是全国重点文物保护单位,也是具有丰富历史文化积淀的北京大学海淀校区主要的组成部分。本规划力图在编制中充分体现文物本体、历史环境与现存环境的相互联系,不仅满足文物保护的需要,同时为保证北京大学适度合理的基础设施建设和校园文化环境的改善奠定基础,在保证文物本体及其历史环境的安全、真实、完整的得以保存,同时充分发挥它们的使用价值,尽最大可能实现该区域整体的协调发展,解决好保护与校园发展建设的矛盾。

历年获奖项目

1984

框架轻板板柱剪力墙体系多层住宅建筑
北京市科技成果奖 二等奖
清华大学科技成果奖 一等奖

1986

东方歌舞团业务用房
建设部优秀设计奖 二等奖
北京市优秀设计奖 二等奖

北京塔院小区 18 层住宅
建设部优秀设计奖 表扬奖

1987

清华大学第三教学楼
建设部优秀设计奖 三等奖

1988

清华大学西南 12 号住宅楼
全国城市住宅设计研究网住宅优秀设计奖
二等奖

清华大学西南 20 号楼住宅
全国城市住宅设计研究网住宅优秀设计奖
三等奖

清华大学西南 1 号、2 号楼住宅
全国城市住宅设计研究网住宅优秀设计奖
三等奖

珠海经济特区湾仔滨海区规划设计方案
珠海市城市规划委员会方案设计奖
二等奖

1989

清华大学社会科学楼
建设部优秀设计奖 三等奖
教育部优秀设计奖 二等奖

清华大学专家招待所
建设部优秀设计奖 表扬奖
教育部优秀设计奖 二等奖

北京燕翔饭店
教育部优秀设计奖 二等奖

清华大学经管楼
教育部优秀设计奖 三等奖

清华大学 15 号学生宿舍
教育部优秀设计奖 三等奖

珠海斗门县城区"桥东综合工业区"
规划设计方案
珠海市城市规划委员会方案设计奖
三等奖

1990

北京菊儿胡同"类四合院"住宅规划设计
清华大学科技成果奖

珠海拱北邮政、金融、保险及珠光公司等
五单位综合楼规划设计与单体方案
珠海市城市规划委员会方案设计奖 珠海
市百花奖

1991

北京菊儿胡同"类四合院"住宅规划设计
国家优秀设计奖 银奖
建设部优秀设计奖 二等奖
教育部优秀设计奖 一等奖
北京市科技进步奖 二等奖

第十一届亚运会拳击馆（北京体育学院体
育馆）
国家优秀设计奖 银奖
建设部优秀设计奖 二等奖
教育部优秀设计奖 一等奖

结构设计程序 TDDI
国家优秀设计奖 铜奖

云南大学图书馆
建设部优秀设计奖 三等奖

外交部办公楼设计方案（A 方案）
北京市设计方案竞赛奖 鼓励奖

海淀区亮甲店村 25 号方案
北京市村镇规划农民住宅方案奖 佳作奖

海淀区亮甲店村 17 号方案
北京市村镇规划农民住宅方案奖 二等奖

1992

清华大学图书馆新馆
教育部邵逸夫赠款项目优秀工程 一等奖

北京菊儿胡同"类四合院"住宅规划设计
北京市优秀设计奖 一等奖
全国城市住宅设计研究网住宅优秀设计奖
创作奖

清华大学第四教学楼
教育部优秀设计奖 三等奖
北京市优秀设计奖 三等奖

山东烟台大学校园规划及个体
教育部优秀设计奖 表扬奖

清华大学干训生宿舍楼
教育部优秀设计奖 表扬奖

北京西王庄点式住宅
全国城市住宅设计研究网住宅优秀设计奖
二等奖

1993

清华大学图书馆新馆
国家优秀设计奖 金奖
建设部优秀设计奖 一等奖
教育部优秀设计奖 一等奖
中国建筑学会建筑创作奖

北京菊儿胡同"类四合院"住宅规划设计
联合国人居中心奖
亚洲建筑师协会（ARCASIA）1992 年
优秀建筑金奖（住宅类）

五兆瓦低温供热实验堆
国家优秀设计奖 银奖
教育部优秀设计奖 一等奖

北京师范大学英东教育楼
国家优秀设计奖 铜奖
建设部优秀设计奖 二等奖
教育部优秀设计奖 二等奖

山东财经学院校园规划
国家优秀设计奖 铜奖
建设部优秀设计奖 二等奖
教育部优秀设计奖 三等奖

清华大学东 16# 楼住宅
国家优秀设计奖 铜奖
建设部优秀设计奖 二等奖
全国城市住宅设计研究网住宅优秀设计奖
一等奖

中国儿童剧场
建设部优秀设计奖 三等奖
教育部优秀设计奖 三等奖

北京颐和园后湖"苏州街"
建设部优秀设计奖 三等奖
教育部优秀设计奖 三等奖

北京海淀图书城
教育部优秀设计奖 表扬奖

海南大学学术会议中心（海南省）
省优秀设计奖 二等奖

大庆石油学院秦皇岛分院住宅小区
2 号住宅
全国城市住宅设计研究网住宅优秀设计奖
三等奖

1994

清华大学图书馆新馆
首都城市规划建筑设计汇报展"十佳公建设计方案"

山东大学邵逸夫科学馆
教育部邵逸夫赠款项目优秀工程 一等奖

上海不夜城天目广场
中国建筑学会"建筑师杯"中青年建筑师优秀设计奖 优秀奖

1995

山东大学邵逸夫科学馆
教育部优秀设计奖 二等奖

航空发动机试车台
教育部优秀设计奖 一等奖

本溪金融大厦综合楼
教育部优秀设计奖 三等奖

北京幸福大厦
教育部优秀设计奖 三等奖

上海交大、北大、清华浦东科技开发楼
教育部优秀设计奖 表扬奖

北京日坛宾馆改建工程
新西兰羊毛局室内设计大奖赛 优秀奖

朝内危改小区（规划）
北京市"人与居住"优秀设计奖 一等奖

朝内危改小区住宅设计
北京市"人与居住"优秀设计奖 二等奖

德外危改小区
北京市"人与居住"优秀设计奖 表扬奖

自动开门、自动售票、自动冲洗、自动洗手的全自动无接触公共厕所
首都城市公厕设计大赛奖 二等奖

公益之筑都市公共卫生间设计
首都城市公厕设计大赛奖 三等奖

1996

北京语言学院逸夫教学楼
建设部优秀设计奖 三等奖
教育部优秀设计奖 二等奖

山东大学邵逸夫科学馆
建设部优秀设计奖 表扬奖

水下岩塞爆破技术的新发展
北京市科技进步奖 二等奖

北京友谊大厦
首都城市规划建筑设计汇报展"十佳公建设计方案"

96 上海市住宅设计国际竞赛
96 上海市住宅设计国际竞赛奖 最佳方案奖

1997

天桥剧场翻建工程
首都城市规划建筑设计汇报展优秀设计奖 二等奖
首都城市规划建筑设计汇报展"十佳公建设计方案"

北京小营四区高层板楼住宅
首都城市规划建筑设计汇报展优秀设计奖 二等奖

王府井百货大楼新商业综合楼
首都城市规划建筑设计汇报展优秀设计奖 三等奖
首都城市规划建筑设计汇报展"十佳公建设计方案"

北京高校育新花园月菊园 D 型住宅
全国城市住宅设计研究网住宅优秀设计奖 一等奖

北京高校育新花园迎春园 B 型住宅
全国城市住宅设计研究网住宅优秀设计奖 二等奖

北京高校育新花园丁香园 C 型住宅
全国城市住宅设计研究网住宅优秀设计奖 三等奖

1998

清华大学经管学院伟伦楼
建设部优秀设计奖 二等奖
教育部优秀设计奖 一等奖

清华大学理科楼
首都城市规划建筑设计汇报展优秀设计奖 三等奖
首都城市规划建筑设计汇报展"十佳公建设计方案"

清华大学建筑馆
教育部优秀设计奖 二等奖

清华大学学生文化活动中心
教育部优秀设计奖 三等奖

京奉铁路正阳门东车站改建
首都城市规划建筑设计汇报展优秀设计奖 三等奖
首都城市规划建筑设计汇报展"十佳公建设计方案"

大开间、东西向联塔式高层生态住宅
建设部"九五"住宅设计方案竞赛奖 二等奖

叠跃式住宅设计
建设部"九五"住宅设计方案竞赛奖 表扬奖

明光楼蝶型塔式住宅设计方案
建设部"九五"住宅设计方案竞赛奖 鼓励奖

大开间跃层高层板式住宅
建设部"九五"住宅设计方案竞赛奖 鼓励奖

40 平方米的别墅式公寓（节能型）
建设部"九五"住宅设计方案竞赛奖 鼓励奖

五明楼蝶式高层住宅方案
北京市规划委员会住宅设计方案竞赛奖 优良奖

高层塔式住宅方案
北京市规划委员会住宅设计方案竞赛奖 较好方案奖

组合单元板式高层住宅方案
北京市规划委员会住宅设计方案竞赛奖 较好方案奖

外廊单元式高层板式住宅方案
北京市规划委员会住宅设计方案竞赛奖 较好方案奖

1999

清华大学经管学院伟伦楼
国家优秀设计奖 银奖

TUS/ADBW 多层及高层空间结构通用设计系统
国家优秀设计奖 银奖

北京大学图书馆新馆
首都城市规划建筑设计汇报展优秀设计奖 二等奖
北京市建筑装饰成就展优秀建筑装饰设计奖
首都城市规划建筑设计汇报展"十佳公建设计方案"

嘉和丽园
建设部科技委"百龙杯新户型设计"
设计综合大奖

山东曲阜孔子研究院工程
北京市建筑装饰成就展优秀建筑装饰设计
奖

毛主席纪念堂夜景照明工程
北京市城市夜景照明优秀工程 特等奖

2000

清华大学设计中心楼（伍舜德楼）
首都城市规划建筑设计汇报展优秀设计奖
二等奖
首都城市规划建筑设计汇报展"十佳公建
设计方案"

清华大学理科楼
国家优秀设计奖 铜奖
建设部优秀设计奖 二等奖
教育部优秀设计奖 二等奖

清华大学技术科学楼
建设部优秀设计奖 三等奖
教育部优秀设计奖 二等奖
教育部邵逸夫赠款项目优秀工程 一等奖

北京大学图书馆新馆
教育部优秀设计奖 一等奖

徐州博物馆
教育部优秀设计奖 二等奖

京奉铁路正阳门东车站改建
教育部优秀设计奖 三等奖

嘉和丽园
中美政府 GHP 示范项目

2001

清华大学图书馆新馆
首都九十年代"十大建筑"

北京海淀社区中心
首都城市规划建筑设计汇报展优秀设计奖
二等奖
首都城市规划建筑设计汇报展"十佳公建
设计方案"

上海锦绣江南家园（一期）
中国城市规划学会、中国风景园林学会、
中国建筑学会"人居经典设计方案竞赛"
奖 综合大奖

蒙西花园住宅小区
全国城市住宅设计研究网住宅优秀设计奖
二等奖

2002

清华大学设计中心楼（伍舜德楼）
国家优秀设计奖 金奖
建设部优秀设计奖 一等奖
教育部优秀设计奖 一等奖
亚洲建筑师协会 2001 年 -2002 年亚洲
建协建筑奖（商业建筑类）荣誉提名奖

中国戏曲学院迁建工程综合排演场
国家优秀设计奖 铜奖
建设部优秀设计奖 二等奖
教育部优秀设计奖 二等奖

清华大学游泳跳水馆
建设部优秀设计奖 三等奖
教育部优秀设计奖 二等奖
首都城市规划建筑设计汇报展"十佳公建
设计方案"

中国戏曲学院迁建工程教学办公楼
教育部优秀设计奖 三等奖

深圳清华大学研究院大楼
教育部优秀设计奖 三等奖

2003

杭州雷峰塔（新塔）
教育部优秀设计奖 一等奖

清华大学设计中心楼（伍舜德楼）
北京市建筑装饰成就展优秀建筑装饰设计
奖

上海锦绣江南家园（一期）
教育部优秀设计奖 二等奖

天桥剧场翻建工程
教育部优秀设计奖 二等奖

清华大学综合体育中心
教育部优秀设计奖 二等奖

北京电影学院逸夫影视艺术中心及留学生
公寓
教育部优秀设计奖 二等奖

中央美术学院迁建工程
教育部优秀设计奖 一等奖

北京市天主教神哲学院
教育部优秀设计奖 二等奖

扬州中学科技信息图书资料中心
教育部优秀设计奖 三等奖

嘉和丽园
教育部优秀设计奖 三等奖

烟台市海滨区更新改造规划及城市设计
教育部优秀设计奖 一等奖

烟台山景区规划设计
教育部优秀设计奖 三等奖

福州软件园
教育部优秀设计奖 三等奖

华北电力大学图书馆（河北省）
省优秀设计奖 一等奖

清华大学主楼室内大厅改造
教育部优秀建筑装饰设计奖 一等奖

2004

杭州雷峰塔（新塔）
国家优秀设计奖 银奖
建设部优秀设计奖 二等奖

2008 奥运会北京射击馆
首都城市规划建筑设计汇报展优秀设计奖
优秀设计方案奖
首都城市规划建筑设计汇报展"十佳公建
设计方案"十佳公建设计方案

上海锦绣江南家园（一期）
国家优秀设计奖 铜奖
建设部优秀设计奖 二等奖

清华大学专家公寓二期
全国城市住宅设计研究网住宅优秀设计奖
一等奖

天桥剧场翻建工程
建设部优秀设计奖 三等奖

清华大学综合体育中心
建设部优秀设计奖 三等奖

北京电影学院逸夫影视艺术中心及留学生
公寓
建设部优秀设计奖 三等奖

中央美术学院迁建工程
建设部优秀设计奖 三等奖

清华大学第六教学楼
首都城市规划建筑设计汇报展优秀设计奖
优秀设计方案奖
首都城市规划建筑设计汇报展"十佳公建
设计方案"

北京美林香槟小镇
全国城市住宅设计研究网住宅优秀设计奖
二等奖

清华大学工字厅改造工程
联合国教科文组织奖亚太地区文化遗产奖

通达新村建设二期工程（诚品建筑）（规划）
全国城市住宅设计研究网住宅优秀设计奖
二等奖

银都景园
中国土木工程学会"詹天佑土木工程大奖
优秀住宅小区"提名奖

2005

中国美术馆改造装修工程
教育部优秀设计奖 一等奖

杭州雷峰塔（新塔）
中国建筑学会优秀建筑结构设计奖
三等奖

北京海淀社区中心
教育部优秀设计奖 一等奖

乔波冰雪世界滑雪馆及配套会议中心
首都城市规划建筑设计汇报展优秀设计奖
二等奖

清华大学信息技术研究院
教育部优秀设计奖 二等奖

杭州金都富春山居住宅小区
建设部优秀设计奖（全国绿色建筑创新奖）
三等奖

中华人民共和国教育部综合办公楼
教育部优秀设计奖 二等奖

北京大学图书馆新馆
世界华人建筑师协会设计奖

清华大学第六教学楼
教育部优秀设计奖 三等奖

清华大学胜因院专家公寓
教育部优秀设计奖 三等奖

北京美林香槟小镇
教育部优秀设计奖 三等奖

宁波市中山路总体规划与城市设计
教育部优秀设计奖 一等奖

徐州汉文化景区规划设计
教育部优秀设计奖 二等奖
中国环境艺术协会示范工程（试点）

百旺·茉莉园
首都城市规划建筑设计汇报展优秀设计奖
优秀设计方案奖

故宫中轴线及周围建筑修缮方案
中国古迹遗址保护协会"全国十佳文物保
护工程勘察设计方案及文物保护规划"

清华大学科学馆加固方案
中国古迹遗址保护协会"全国十佳文物保
护工程勘察设计方案及文物保护规划"

一品·亦庄
北京工商联住宅房地产业协会北京最畅销
楼盘奖

中国 2008 城市标志、建筑物、构筑物、
景观空间适宜性设计方案
北京市设计方案竞赛奖 优秀成果奖

2006

清华大学设计中心楼绿色报告厅室内照明
工程
中国照明学会照明工程设计奖 三等奖

中国美术馆改造装修工程
建设部优秀设计奖 一等奖

北京海淀社区中心
建设部优秀设计奖 一等奖

清华科技园科技大厦
首都城市规划建筑设计汇报展优秀设计奖
一等奖

清华大学信息技术研究院
建设部优秀设计奖 二等奖

中央美术学院迁建工程
中国建筑学会建筑创作奖 佳作奖

中华人民共和国教育部综合办公楼
建设部优秀设计奖 三等奖

徐州水下兵马俑博物馆/汉文化艺术馆
全国工商联房地产商会建筑文化奖

百旺·茉莉园
全国城市住宅设计研究网住宅优秀设计奖
一等奖
全国城市住宅设计研究网住宅优秀设计奖
二等奖

北京科技大学体育馆（2008 年奥运会柔
道、跆拳道比赛馆）
首都城市规划建筑设计汇报展优秀设计奖
二等奖

北京腾龙家园居住小区·水墨林溪（住宅
及居住区）
首都城市规划建筑设计汇报展优秀设计奖
优秀奖
全国城市住宅设计研究网住宅优秀设计奖
二等奖

北京腾龙家园居住小区·水墨林溪（规划）
全国城市住宅设计研究网住宅优秀设计奖
一等奖
中国城市规划学会、中国风景园林学会、
中国建筑学会"人居经典设计方案竞赛"
奖 规划、环境双金奖

北京大西山访客接待中心
首都城市规划建筑设计汇报展优秀设计奖
三等奖

山东曲阜孔子研究院工程
中国建筑学会建筑创作奖 优秀奖

内蒙古成吉思汗陵文物保护规划
中国古迹遗址保护协会"全国十佳文物保
护工程勘察设计方案及文物保护规划"

艾瑟顿国际公寓（中关村时代科技中心）
中国房地产业协会（中小户型）国际奖
最佳国际公寓

长沙市梓园二期
中国城市规划学会、中国风景园林学会、
中国建筑学会"人居经典设计方案竞赛"
奖 建筑金奖

重庆江北农场项目
中国城市规划学会、中国风景园林学会、
中国建筑学会"人居经典设计方案竞赛"
奖 综合大奖

徐州南湖别院
中国城市规划学会、中国风景园林学会、
中国建筑学会"人居经典设计方案竞赛"
奖 综合大奖

2007

2008 奥运会北京射击馆
中国建筑学会室内设计分会室内设计大奖
赛 优秀奖

郑州大学新校区医学组团 I 标段工程
中国建设工程鲁班奖国家优质工程奖

郑州大学新校区人文社科医学院组团——
人文社科组团
北京市优秀设计奖 三等奖

北京腾龙家园居住小区·水墨林溪（住宅
及居住区）
北京市 2006 年中小套型住宅设计方案奖
实际工程二等奖

四合住宅
北京市 2006 年中小套型住宅设计方案奖
命题组三等奖

海南南海名居
中国城市规划学会、中国风景园林学会、
中国建筑学会"人居经典设计方案竞赛"
奖 规划、建筑双金奖

尚品十座
中国城市规划学会、中国风景园林学会、
中国建筑学会"人居经典设计方案竞赛"
奖 建筑金奖

烟台南山世纪华亭
中国城市规划学会、中国风景园林学会、
中国建筑学会"人居经典设计方案竞赛"
奖 综合大奖

中国 2010 年上海世博会中国馆项目建筑
方案
上海世博会建筑方案征集优秀创作奖
优秀创作奖

2008

中国美术馆改造装修工程
国家优秀设计奖 金奖

清华大学医学院
北京市优秀设计奖 一等奖
中国建筑学会建筑创作奖 优秀奖

北京海淀社区中心
国家优秀设计奖 银奖

清华科技园科技大厦
北京市优秀设计奖 一等奖
中国建筑学会建筑创作奖 佳作奖

乔波冰雪世界滑雪馆及配套会议中心
北京市优秀设计奖 二等奖

2008 奥运会北京射击馆
北京市奥运工程规划勘察设计和测绘行业
评选表彰 绿色设计奖
中国建筑学会建筑创作奖 佳作奖
中国土木工程学会"第八届中国土木工程
詹天佑奖"
中国建设工程鲁班奖国家优质工程奖

清华大学专家公寓二期
教育部优秀设计奖 一等奖
中国建筑学会建筑创作奖 佳作奖

广州大学城组团三
教育部优秀设计奖 二等奖

徐州水下兵马俑博物馆 / 汉文化艺术馆
教育部优秀设计奖 一等奖
中国建筑学会建筑创作奖 优秀奖

北京市北外附属外国语学校
教育部优秀设计奖 二等奖

大连理工大学创新园大厦
教育部优秀设计奖 二等奖

北京电影学院影视动画基地楼
教育部优秀设计奖 三等奖

清华科技园科建大厦
教育部优秀设计奖 三等奖

郑州大学新校区人文社科医学院组团——
医学院组团
教育部优秀设计奖 三等奖

洛阳新区体育中心体育馆
教育部优秀设计奖 三等奖

洛阳新区体育中心修建性详细规划
教育部优秀设计奖 三等奖

苏州太湖湖畔别墅工程
教育部优秀设计奖 三等奖

安阳县灵泉寺石窟、小南海石窟、修定寺
塔文物保护规划
教育部优秀设计奖 一等奖

四川省平武县报恩寺文物保护规划
教育部优秀设计奖 三等奖

北京大学未明湖燕园建筑文物保护
总体规划
北京市优秀设计奖 二等奖

清华大学超低能耗楼
北京市优秀设计奖 三等奖

北京科技大学体育馆（2008 年奥运会柔
道、跆拳道比赛馆）
北京市奥运工程规划勘察设计和测绘行业
评选表彰 科技创新奖
中国建筑学会建筑创作奖 佳作奖

2008 奥运会北京飞碟靶场
北京市奥运工程规划勘察设计和测绘行业
评选表彰 人文设计奖

成都金沙遗址博物馆
中国建筑学会建筑创作奖 优秀奖

富城理想家园（规划）
全国城市住宅设计研究网住宅优秀设计奖
一等奖

济南凤凰城规划及方案（规划）
全国城市住宅设计研究网住宅优秀设计奖
三等奖
中国城市规划学会、中国风景园林学会、
中国建筑学会"人居经典设计方案竞赛"
奖 建筑、环境双金奖

山西陵川西溪二仙庙文物保护勘察修缮设
计（保护建筑和历史风貌建筑维修、复原
设计）
全国城市住宅设计研究网住宅优秀设计奖
优秀奖

和华嘉园
中国城市规划学会、中国风景园林学会、
中国建筑学会"人居经典设计方案竞赛"
奖 综合大奖

中铁·凤岭山语城
中国城市规划学会、中国风景园林学会、
中国建筑学会"人居经典设计方案竞赛"
奖 建筑、环境双金奖

国家体育总局射击射箭运动中心
中国城市规划学会、中国风景园林学会、
中国建筑学会"人居经典设计方案竞赛"
奖 建筑金奖

2009

清华大学图书馆新馆
中国建筑学会建筑创作大奖

清华大学设计中心楼（伍舜德楼）
中国建筑学会建筑创作大奖

中国美术馆改造装修工程
中国勘察设计协会建筑设计分会"全国建
筑设计行业国庆 60 周年建筑设计大奖"

清华大学医学院
全国优秀工程勘察设计行业奖 一等奖

北京菊儿胡同"类四合院"住宅规划设计
中国建筑学会建筑创作大奖

清华大学经管学院伟伦楼
中国建筑学会建筑创作大奖

杭州雷峰塔（新塔）
中国建筑学会建筑创作大奖

清华科技园科技大厦
国家优秀设计奖 银奖
全国优秀工程勘察设计行业奖 一等奖

乔波冰雪世界滑雪馆及配套会议中心
国家优秀设计奖 银奖
全国优秀工程勘察设计行业奖 一等奖

2008 奥运会北京射击馆
北京市优秀设计奖 一等奖
北京市奥运工程落实三大理念优秀项目
优秀团队奖，优秀勘察设计奖
中国建筑学会第五届中国威海国际建筑设
计大奖赛 铜奖

清华大学理科楼
中国建筑学会建筑创作大奖

天桥剧场翻建工程
中国建筑学会建筑创作大奖

清华大学专家公寓二期
全国优秀工程勘察设计行业奖 二等奖
中国建筑学会"BIM建筑设计大赛"
最佳建筑设计优秀奖

中央美术学院迁建工程
中国建筑学会建筑创作人奖

广州大学城组团三
全国优秀工程勘察设计行业奖 二等奖

徐州水下兵马俑博物馆/汉文化艺术馆
全国优秀工程勘察设计行业奖 三等奖
中国建筑学会建筑创作大奖

北京市北外附属外国语学校
全国优秀工程勘察设计行业奖 三等奖

大连理工大学创新园大厦
全国优秀工程勘察设计行业奖 三等奖

北京大学图书馆新馆
中国建筑学会建筑创作大奖

北京市天主教神哲学院
中国建筑学会建筑创作大奖

中国工程院综合办公楼
北京市优秀设计奖 一等奖

福建南靖土楼文物保护规划（和贵楼、怀远楼分册，田螺坑土楼群分册）
北京市优秀设计奖 一等奖
北京市优秀工程咨询成果奖 一等奖

四川省武胜县宝箴塞文物保护规划
北京市优秀工程咨询成果奖 三等奖

百旺·茉莉园
北京市优秀设计奖 二等奖

2008奥运会北京飞碟靶场
北京市优秀设计奖 二等奖

北京科技大学体育馆（2008年奥运会柔道、跆拳道比赛馆）
北京市优秀设计奖 二等奖
北京市奥运工程落实三大理念优秀项目突出贡献奖，优秀勘察设计奖

北京科技大学体育馆场地照明工程
中国照明学会照明工程设计奖（奥运）二等奖

李可染艺术馆
北京市优秀设计奖 三等奖
中国建筑学会建筑创作大奖
中国建筑学会第五届中国威海国际建筑设计大奖赛 优秀奖

体育总局射击中心奥运配套设施
北京市优秀设计奖 三等奖

甘肃炳灵寺石窟文物保护规划
北京市优秀工程咨询成果奖 二等奖
北京市优秀设计奖 三等奖

《建筑设计防火规范》
华夏建设科学技术奖 二等奖

山东曲阜孔子研究院工程
中国建筑学会建筑创作大奖

成都金沙遗址博物馆
教育部优秀勘察设计奖 一等奖

云谷山庄
中国建筑学会建筑创作大奖

西安欧亚学院图书馆
中国建筑学会建筑创作大奖

清华大学1-4号宿舍楼
中国建筑学会建筑创作大奖

清华大学第二教学楼
中国建筑学会建筑创作大奖

中国武钢博物馆
中国建筑学会建筑创作大奖

台阶式花园住宅
中国建筑学会建筑创作大奖

清华大学主教学楼
中国建筑学会建筑创作大奖

丹麦住宅
中国建筑学会"BIM建筑设计大赛"
最佳建筑设计优秀奖

钓鱼台七号院
中国城市规划学会、中国风景园林学会、中国建筑学会"人居经典设计方案竞赛"奖 综合大奖

烟台牟平杰座欧洲城规划及建筑设计方案
中国城市规划学会、中国风景园林学会、中国建筑学会"人居经典设计方案竞赛"奖 综合大奖

山东荣成市"石核馨园"住宅工程
中国城市规划学会、中国风景园林学会、中国建筑学会"人居经典设计方案竞赛"奖 建筑金奖

丹东市第一医院
教育部优秀勘察设计奖 二等奖

青岛天人集团生态办公楼
教育部优秀勘察设计奖 二等奖

多层及高层空间结构一体化设计系统TUS
教育部优秀勘察设计奖 优秀奖

奥林匹克公园下沉花园
教育部优秀勘察设计奖 园林一等奖

浙江清华长三角研究院创业大厦A段
教育部优秀勘察设计奖 三等奖

山西佛光寺保护规划和勘察
教育部优秀勘察设计奖 规划二等奖

成都武侯祠保护规划
教育部优秀勘察设计奖 规划二等奖

云南省江川李家山古墓群保护规划
教育部优秀勘察设计奖 规划三等奖

北京城区中轴线夜景照明详细规划
2009年度北京市优秀照明规划设计 一等奖

北京西客站南广场及周边道路沿线建筑夜景照明详细规划
2009年度北京市优秀照明规划设计 二等奖

2010

清华大学医学院
国家优秀设计奖 金奖

2008奥运会北京射击馆
国家优秀设计奖 银奖

清华大学专家公寓二期
国家优秀设计奖 铜奖

中国工程院综合办公楼
全国优秀工程勘察设计行业奖 二等奖

福建南靖土楼文物保护规划（和贵楼、怀远楼分册，田螺坑土楼群分册）
全国优秀村镇规划设计奖 三等奖
全国优秀工程咨询成果奖 三等奖

百旺·茉莉园
全国优秀工程勘察设计行业奖 二等奖

北京科技大学体育馆（2008年奥运会柔道、跆拳道比赛馆）
全国优秀工程勘察设计行业奖 二等奖

2008 奥运会北京飞碟靶场
全国优秀工程勘察设计行业奖 三等奖

成都金沙遗址博物馆
全国优秀工程勘察设计行业奖 一等奖

钓鱼台七号院
全网第十一次优秀设计奖 二等奖
第十七届首都规划设计汇报展
优秀方案奖

丹东市第一医院
全国优秀工程勘察设计行业奖 二等奖

青岛天人集团生态办公楼
全国优秀工程勘察设计行业奖 三等奖

多层及高层空间结构一体化设计系统 TUS
全国优秀工程勘察设计行业奖 二等奖

奥林匹克公园下沉花园
全国优秀工程勘察设计行业奖 一等奖

名人湾别墅小区（挪威 de 森林别墅区）
全网第十一次优秀设计奖规划设计三等奖

毕节市"仕府领地 A 区"（7 号地）住宅小区
全网第十一次优秀设计奖规划设计二等奖

天房中新天津生态城住宅项目
全网第十一次优秀设计奖规划设计一等奖
全国人居经典建筑规划设计方案竞赛
节能环保金奖

伊泰·华府岭秀居住工程
2010 年全国人居经典建筑规划设计方案
竞赛 综合大奖

邯郸左岸枫桥小区规划设计方案
2010 年全国人居经典建筑规划设计方案
竞赛 综合大奖

唐山市冀东石油家园规划方案设计
2010 年全国人居经典建筑规划设计方案
竞赛 规划、环境双金奖

珠海淇澳岛旅游地产项目
2010 年全国人居经典建筑规划设计方案
竞赛 规划金奖

清华住宅产业化示范园——水岸新都二期
2010 年全国人居经典建筑规划设计方案
竞赛 规划金奖

国家电网电力科技馆综合体（菜市口 220KV 输变电工程及附属设施工程（电力科技馆））
第十七届首都规划设计汇报展优秀方案奖

北京科技大学国家科学中心
第十七届首都规划设计汇报展优秀方案奖

宣武区棉花片危改
第十七届首都规划设计汇报展优秀方案奖

河南辉县白云寺文物保护规划
2010 年北京市优秀工程咨询成果奖 三等奖

内蒙古将军衙署文物保护规划
2010 年度北京市优秀工程咨询成果奖 三等奖

2011

2008 奥运会北京射击馆——资格赛馆
2011 年度教育部优秀设计奖
建筑结构二等奖
2011 年度全国优秀工程勘察设计行业奖
建筑结构三等奖

北京科技大学体育馆（2008 年奥运会柔道、跆拳道比赛馆）
2011 年度清华大学建筑设计研究院有限公司优秀建筑结构设计奖 一等奖

清华科技园科建大厦
2011 年度清华大学建筑设计研究院有限公司优秀建筑结构设计奖 表扬奖

中国武钢博物馆
2011 年度教育部优秀设计奖 一等奖
2011 年度全国优秀工程勘察设计行业奖 一等奖

青岛天人集团生态办公楼
2011 年度第六届中国建筑学会建筑创作奖 佳作奖

青岛市地铁工程文物保护专项咨询报告
北京市优秀工程咨询成果奖 二等奖

09BD6 照明装置
北京市第十五届优秀工程设计奖 二等奖
2011 年度全国优秀工程勘察设计行业奖 三等奖

09BD13 建筑物防雷装置
北京市第十五届优秀工程设计奖 三等奖

徐州南湖水街（徐州南湖别院）
北京市第十五届优秀工程设计奖 三等奖
2011 年度教育部优秀设计奖 规划二等奖

人民日报社新建职工食堂
北京市第十五届优秀工程设计奖 三等奖
单项：中小项目创新奖

恭王府府邸文物保护修缮工程
2011 年北京市第十五届优秀工程设计奖
优秀奖

徐州美术馆
2011 年度教育部优秀设计奖 一等奖
2011 年度第六届中国建筑学会建筑创作奖 优秀奖
2011 年度清华大学建筑设计研究院有限公司优秀建筑结构设计奖 三等奖

嘉兴科技城城市设计与空间策划
2011 年度教育部优秀设计奖 规划一等奖

赣州市博物馆·城展馆工程
2011 年度教育部优秀设计奖 二等奖
2011 年度全国优秀工程勘察设计行业奖 二等奖

株洲市规划展览馆
2011 年度教育部优秀设计奖 二等奖

湖南省洪江古建筑群文物保护规划
2011 年度教育部优秀设计奖 规划二等奖

河北梅花味精集团总部
2011 年度教育部优秀设计奖 三等奖
2011 年度第六届中国建筑学会建筑创作奖 佳作奖

联合国工业发展组织国际太阳能技术促进转让中心科研教学综合楼
2011 年度教育部优秀设计奖 三等奖
2011 年度第六届中国建筑学会建筑创作奖 佳作奖

嵩山少林武术职业学院暨国家汉语国际推广少林武术基地
2011 年度教育部优秀设计奖 规划三等奖

洛阳新区体育中心体育场
第七届中国建筑学会优秀建筑结构设计奖 二等奖
2011 年度清华大学建筑设计研究院有限公司优秀建筑结构设计奖 一等奖

徐州音乐厅
第七届中国建筑学会优秀建筑结构设计奖 三等奖
2011 年度清华大学建筑设计研究院有限公司优秀建筑结构设计奖 二等奖

北京南站改扩建工程轨道层结构
2011 年度清华大学建筑设计研究院有限公司优秀建筑结构设计奖 二等奖

烟台滨海广场 53 号 A 宗地
2011 年度清华大学建筑设计研究院有限公司优秀建筑结构设计奖 三等奖

2010 上海世博会万科馆
2011 年度清华大学建筑设计研究院有限公司优秀建筑结构设计奖 三等奖

燕郊巴迪仓储物流中心一期工程
2011 年度清华大学建筑设计研究院有限公司优秀建筑结构设计奖 三等奖

邯郸招贤大厦
2011 年度清华大学建筑设计研究院有限公司优秀建筑结构设计奖 表扬奖

清华大学综合科研楼一期 2 号楼大跨度预应力空心混凝土现浇楼盖结构设计
2011 年度清华大学建筑设计研究院有限公司优秀建筑结构设计奖 表扬奖

平顶山文化艺术中心
2011 年度清华大学建筑设计研究院有限公司优秀建筑结构设计奖 表扬奖

仰韶文化遗址博物馆冥思空间结构设计
2011 年度清华大学建筑设计研究院有限公司优秀建筑结构设计奖 表扬奖

怀柔龙山路住宅项目
2011 年全国人居经典建筑规划设计方案竞赛 综合大奖

康巴什·CEO 国际中心公寓楼
2011 年全国人居经典建筑规划设计方案竞赛 综合大奖

龙湖烟台葡醍海湾小区
2011 年全国人居经典建筑规划设计方案竞赛 综合大奖

秦皇岛市海港区西部旧城改造详细规划及 5# 地块工程设计
2011 年全国人居经典建筑规划设计方案竞赛 规划、建筑双金奖

中国水电·首郡
2011 年全国人居经典建筑规划设计方案竞赛 规划、环境双金奖

创业·齐悦国际花园一期居住小区
2011 年全国人居经典建筑规划设计方案竞赛 规划、环境双金奖

徐州云龙观邸
2011 年全国人居经典建筑规划设计方案竞赛 规划、环境双金奖

淄博鸿嘉星城鸿嘉集团高级会所·院書院
2011 年全国人居经典建筑规划设计方案竞赛 建筑金奖

天琴大厦
2011 年全国人居经典建筑规划设计方案竞赛 建筑金奖

布达拉宫斋康珍宝馆
2011 年全国人居经典建筑规划设计方案竞赛 建筑金奖

2012

2008 奥运会北京射击馆
2012 年中国装饰混凝土设计大赛 材料创新奖

钓鱼台七号院
北京市第十六届优秀工程设计奖 二等奖
第三届中国建筑学会建筑设备（给水排水）优秀设计奖 二等奖

洛阳新区体育中心体育场
北京市第十六届优秀工程设计奖 一等奖

徐州市规划展示馆
北京市第十六届优秀工程设计奖 二等奖

峨眉象城旅游文化城 一期工程
北京市第十六届优秀工程设计奖

中国兵器工业第二〇八研究所试验中心 3 号楼及兵器展馆
北京市第十六届优秀工程设计奖 二等奖

国家检察官学院四川分院迁建工程
北京市第十六届优秀工程设计奖 三等奖

赣州自然博物馆
2012 年全国人居经典建筑规划设计方案竞赛 建筑金奖

本溪千金棚户区改造一期工程规划及建筑方案
2012 年全国人居经典建筑规划设计方案竞赛 规划金奖

福建莆田荻芦溪旅游地产项目
2012 年全国人居经典建筑规划设计方案竞赛 规划、环境双金奖

瑞斯康达科研大厦
2012 年全国人居经典建筑规划设计方案竞赛 建筑金奖

重大工程材料服役安全研究评价设施和教育部材料服役安全科学中心东、西区
2012 年全国人居经典建筑规划设计方案竞赛 建筑金奖

河南大学科技园东区 B2-1 地块
2012 年全国人居经典建筑规划设计方案竞赛 规划金奖

曲阜火炬大厦
2012 年全国人居经典建筑规划设计方案竞赛 建筑金奖

北京怀柔龙山东路东侧多功能建设项目（北区工程）
2012 年全国人居经典建筑规划设计方案竞赛 建筑金奖

渤龙湖观湖湾·渤龙湖瞰湖湾
2012 年全国人居经典建筑规划设计方案竞赛 规划、建筑双金奖

鄂尔多斯伊旗学校规划及建筑设计方案
2012 年全国人居经典建筑规划设计方案竞赛 规划金奖

徐州欧庄锦绣四季居住区
2012 年全国人居经典建筑规划设计方案竞赛 建筑金奖

郑州弘润·幸福里小区规划设计方案
2012 年全国人居经典建筑规划设计方案竞赛 规划金奖

长辛店北部居住区一期南区（长兴国际生态城·园博府）B53 地块
2012 年全国人居经典建筑规划设计方案竞赛 综合大奖

大同华唐朗豪酒店及商业综合体
2012 年全国人居经典建筑规划设计方案竞赛 建筑金奖

淄博·创业·齐悦国际花园一期
创新风暴·2012 中国居住创新典范
中国绿色低碳社区示范项目称号

新清华学堂观众厅照明设计
2012 年度北京市优秀照明工程奖 特等奖

2013

钓鱼台七号院
2012 年中国建筑学会建筑设计奖 金奖
2013 年度全国优秀工程勘察设计行业奖 二等奖

奥林匹克公园下沉花园
2012 年度亚洲建筑师协会优秀建筑设计奖 优秀建筑设计奖

天房中新天津生态城住宅项目
蓝星杯·第七届中国威海国际建筑设计大奖赛 优秀奖

徐州南湖水街（徐州南湖别院）
2012 年中国建筑学会建筑设计奖 银奖
第四届（2013）中国环境艺术奖 金奖（街区类 - 综合）

洛阳新区体育中心体育场
2013年度全国优秀工程勘察设计行业奖 三等奖
2013年度教育部优秀设计奖 二等奖

徐州音乐厅
2012年中国建筑学会建筑设计奖 银奖
2013年度全国优秀工程勘察设计行业奖 一等奖
2013年度教育部优秀设计奖 二等奖
2013年度教育部优秀设计奖 三等奖

徐州市规划展示馆
2013年度全国优秀工程勘察设计行业奖 二等奖

襄阳城墙文物保护规划
2012年全国优秀工程咨询成果奖 三等奖

拉卜楞寺文物保护工程可行性研究报告
2012年度北京市优秀工程咨询成果奖 三等奖

新疆维吾尔自治区哈密地区坎儿井文物保护总体规划
2012年度北京市优秀工程咨询成果奖 一等奖

浙江省嵊州市崇仁村建筑群文物保护规划
2012年度北京市优秀工程咨询成果奖 三等奖

中国博览会会展综合体
首都第十九届城市规划建筑设计市政工程方案汇报展 优秀方案奖

华山论坛及生态广场
2013年度全国优秀工程勘察设计行业奖 一等奖
2013年度教育部优秀设计奖 一等奖
2012年中国建筑学会建筑设计奖 金奖

平顶山博物馆
2012年中国建筑学会建筑设计奖 金奖

清华大学百年会堂
2012年中国建筑学会建筑设计奖 金奖
2013年度全国优秀工程勘察设计行业奖 二等奖
2013年度全国优秀工程勘察设计行业奖 一等奖
2013年度教育部优秀设计奖 一等奖
2013年度教育部优秀设计奖 一等奖

清华大学百年会堂——新清华学堂
2013年度教育部优秀设计奖 二等奖
2013年中国建筑学会优秀建筑结构设计奖 二等奖

大连理工大学化工综合楼
2012年中国建筑学会建筑设计奖 银奖

北建工新校区经管-环能学院建筑组团
2013年度全国优秀工程勘察设计行业奖 二等奖
2013年度北京市优秀工程设计奖 一等奖
2012年中国建筑学会建筑设计奖 金奖

北建工新校区金工、电工电子实训中心
2012年中国建筑学会建筑设计奖 银奖
2013年度北京市优秀工程设计奖 三等奖

钓鱼台国宾馆3号楼及网球馆工程
2013年度全国优秀工程勘察设计行业奖 二等奖
2013年度教育部优秀设计奖 二等奖
2012年中国建筑学会建筑设计奖 银奖

北川抗震纪念园幸福园展览馆工程
2012年中国建筑学会建筑设计奖 金奖
2012年中国建筑学会建筑设计奖 金奖

凌钢钢铁技术研发中心
2012年中国建筑学会建筑设计奖 银奖

先正达北京生物科技研究实验室
2012年中国建筑学会建筑设计奖 银奖
2013年度教育部优秀设计奖 二等奖
2013年度教育部优秀设计奖 智能化三等奖

清华大礼堂改造
2012年中国建筑学会建筑设计奖 金奖

三亚市崖城镇盛德堂遗址展庭
2012年中国建筑学会建筑设计奖 金奖

中国南极考察"十五"能力建设中山站工程
2012年中国建筑学会建筑设计奖 银奖
2013年度全国优秀工程勘察设计行业奖 二等奖
2013年度教育部优秀设计奖 一等奖

河北省定州市开元寺料敌塔北广场景观设计
2012年中国建筑学会建筑设计奖 银奖
2013年度教育部优秀设计奖 二等奖

山东庆云县文化中心
2013年度教育部优秀设计奖 三等奖

钟祥市博物馆
2013年度全国优秀工程勘察设计行业奖 一等奖
2013年度教育部优秀设计奖 一等奖

克拉玛依石化工业园生产指挥中心
2013年度全国优秀工程勘察设计行业奖 三等奖
2013年度教育部优秀设计奖 二等奖

台州市路桥历史街区重点保护区和风貌协调区空间策划及规划研究
2013年度教育部优秀设计奖 一等奖

旬邑中学新校区建设项目
2013年度教育部优秀设计奖 二等奖

平顶山市大香山国学文化园修建性详细规划设计
2013年度教育部优秀设计奖 二等奖

成都大学二期工程
2013年度教育部优秀设计奖 三等奖

中国运载火箭技术研究院科研楼
2013年度全国优秀工程勘察设计行业奖 三等奖
2013年度北京市优秀工程设计奖 二等奖

云南财贸学院学生活动中心（游泳馆）
2013年度北京市优秀工程设计奖 二等奖

长春中医药大学图书馆
2013年度北京市优秀工程设计奖 三等奖

世界文化遗产福建土楼保护规划总纲
2013年度北京市优秀工程设计奖 二等奖

张壁古堡文物保护总体规划
2013年度北京市优秀工程设计奖 三等奖

河北博物馆
2013年度全国优秀工程勘察设计行业奖 一等奖

内蒙古多伦诺尔古建筑群文物保护规划
2013年度北京市优秀工程设计奖 三等奖

洛阳市人力资源综合市场
2013年度北京市优秀工程设计奖 三等奖

海南五指山天山桃园度假村
2013年全国人居经典建筑规划设计方案竞赛 综合大奖

鄂托克前旗上海庙镇体育馆设计
2013年全国人居经典建筑规划设计方案竞赛 建筑金奖

邯郸市汉光中学新校区规划设计方案
2013年全国人居经典建筑规划设计方案竞赛 建筑金奖

湖北省襄阳市东津新区十大中心——技师学院
湖北省襄阳市东津新区十大中心国际方案征集 建筑方案竞赛二等奖

湖北省襄阳市东津新区十大中心——规划馆
湖北省襄阳市东津新区十大中心国际方案征集 建筑方案竞赛优秀奖

2014

2008奥运会北京射击馆
2013年度华夏建设科学技术奖 二等奖

成都金沙遗址博物馆
FIDIC工程项目奖（2014）提名奖

徐州音乐厅
2014年中国建筑学会优秀电气设计奖 二等奖

华山论坛及生态广场
2014年亚洲建协建筑奖 荣誉提名奖

清华大学百年会堂
2014年中国建筑学会优秀给水排水设计奖 二等奖
2014年度全国智能建筑百项经典工程奖 文博建筑类奖

三亚市崖城镇盛德堂遗址展庭
2014年WA中国建筑奖 WA社会公平奖-佳作奖
2014年WA中国建筑奖 WA设计试验奖-入围奖

世界文化遗产福建土楼保护规划总纲
2013年度北京市优秀工程咨询成果奖 一等奖
2013年度全国优秀城乡规划设计奖 城市规划类表扬奖

张壁古堡文物保护总体规划
2013年度北京市优秀工程咨询成果奖 二等奖

河北博物馆
FIDIC工程项目奖（2014）提名奖

洛阳市人力资源综合市场
2014年中国建筑学会优秀电气设计奖 二等奖

嘉那嘛呢游客服务中心
FIDIC工程项目奖（2014）提名奖
2014年中国建筑学会建筑创作奖 公建类金奖

安达百悦北部湾新城北湖滨水景观设计
艾景奖ILIA2014第四届国际园林景观规划设计大赛 年度十佳设计奖

宁夏地质博物馆
2014年中国建筑学会建筑创作奖 入围奖

中国传媒大学图书馆
2014年度全国智能建筑百项经典工程奖 文博建筑类奖

玉树县行政中心
2014年度第二届中国装饰混凝土设计大赛 建筑类杰出应用奖三等奖

中关村航天科技创新园修建性详细规划
2014年全国人居经典建筑规划设计方案竞赛 规划金奖

中国人民武装警察消防部队指挥学院建设项目规划
2014年全国人居经典建筑规划设计方案竞赛 规划金奖

从化新城青少年活动中心建筑设计
2014年全国人居经典建筑规划设计方案竞赛 建筑金奖

东北大学浑南校区文科2楼
2014年全国人居经典建筑规划设计方案竞赛 建筑金奖

北京中医药大学中药学院及药学实验楼
2014年全国人居经典建筑规划设计方案竞赛 建筑金奖

北京雁栖湖国际会都（核心岛）4号楼
2014年亚太经合组织会议积极贡献奖 积极贡献奖

2015

中国工程院综合办公楼
2010年度全国优秀工程勘察设计奖 银奖

成都金沙遗址博物馆
2010年度全国优秀工程勘察设计奖 银奖

奥林匹克公园下沉花园
2010年度全国优秀工程勘察设计奖 银奖

徐州美术馆
2015年度全国优秀工程勘察设计行业奖 二等奖

中国博览会会展综合体
2014年度虹桥商务区开发建设先进集体 先进集体
2015年度第十届中照明奖 一等奖
2015年度上海市建筑学会建筑创作奖 优秀奖

钟祥市博物馆
2014年中国建筑学会建筑创作奖 公建类金奖

河北博物馆
2015年度城建集团杯·第八届中国威海国际建筑设计大奖赛 优秀奖

嘉那嘛呢游客服务中心
2015年度全国优秀工程勘察设计行业奖 一等奖
2015年度教育部优秀设计奖 一等奖
2015年度城建集团杯·第八届中国威海国际建筑设计大奖赛 银奖

衢州市城市展示馆及规划业务管理用房
2015年度教育部优秀设计奖 三等奖

宁夏地质博物馆
2015年度全国优秀工程勘察设计行业奖 二等奖
2015年度教育部优秀设计奖 二等奖

中国传媒大学图书馆
2015年度全国优秀工程勘察设计行业奖 智能化二等奖

玉树藏族自治州行政中心
FIDIC工程项目奖（2015）提名奖
2015年度全国优秀工程勘察设计行业奖 一等奖
2015年度全国优秀工程勘察设计行业奖 智能化三等奖
2015年度教育部优秀设计奖 一等奖
2015年度教育部优秀设计奖 电气三等奖

徐州泉山森林公园游客服务设施设计
2015年度全国优秀工程勘察设计行业奖 二等奖
2015年度教育部优秀设计奖 二等奖

牛河梁遗址Ⅱ号地点
2015年度全国优秀工程勘察设计行业奖 二等奖
2015年度教育部优秀设计奖 二等奖

河南信息广场
2015年度全国优秀工程勘察设计行业奖 三等奖
2015年度教育部优秀设计奖 二等奖

北京联合大学旅游学院综合实训楼
2015年度教育部优秀设计奖 三等奖
第一届中国建筑学会建筑师分会人居委员会优秀项目奖 二等奖

烟台高新区创业大厦
2015年度教育部优秀设计奖 三等奖

宿州三角洲国际饭店
2015年度教育部优秀设计奖 三等奖

中国南极内陆科学考察站项目后勤保障系统（中山站）越冬宿舍及主发电栋工程
2015年度教育部优秀设计奖 三等奖
2015年度全国优秀工程勘察设计行业奖 暖通三等奖
2015年度教育部优秀设计奖 暖通二等奖
2015年度全国优秀工程勘察设计行业奖 电气二等奖
2015年度教育部优秀设计奖 电气一等奖

全总劳动模范技能交流学校、两岸工会交流基地及海外联谊中心一期工程
2015年度教育部优秀设计奖 三等奖
2015年度教育部优秀设计奖 规划三等奖

全总劳动模范技能交流学校、两岸工会交流基地及海外联谊中心一期工程室内运动馆
2015年度教育部优秀设计奖 结构二等奖

中国种子生命科学技术中心
2015年度教育部优秀设计奖 三等奖

乌鲁木齐职业大学新校区综合教学楼
2015年度教育部优秀设计奖 三等奖

乌鲁木齐职业大学新校区一期规划
2015年度教育部优秀设计奖 规划三等奖

牡丹园公寓2号楼改扩建工程
2015年度全国优秀工程勘察设计行业奖 住宅三等奖
2015年度教育部优秀设计奖 住宅二等奖

青海喇家国家考古遗址公园修建性详细规划
2015年度教育部优秀设计奖 规划一等奖

平湖市南市新区城市设计及空间策划研究
2015年度教育部优秀设计奖 规划二等奖

禹王山抗日阻击战遗址纪念园规划设计
2015年度教育部优秀设计奖 规划二等奖

信阳市潢川弋阳古镇保护性开发城市设计
2015年度教育部优秀设计奖 规划二等奖

平武报恩寺文物建筑修缮（二期）
2015年度全国优秀工程勘察设计行业奖 传统三等奖
2015年度教育部优秀设计奖 传统建筑一等奖

刘海胡同33号四合院改扩建工程
2015年度教育部优秀设计奖 传统建筑二等奖

大陆银行旧址修缮加固工程
2015年度教育部优秀设计奖 传统建筑三等奖

圆明园九洲清晏景区遗址桥修复工程
2015年度教育部优秀设计奖 传统建筑三等奖

河北武安保税物流中心综合楼
2015年度全国人居经典建筑规划设计方案竞赛 建筑金奖

沧州吉祥天著住宅小区概念性规划设计方案
2015年度全国人居经典建筑规划设计方案竞赛 建筑、环境双金奖

上海道教学院及鹤坡观
2015年度全国人居经典建筑规划设计方案竞赛 建筑金奖

喇家遗址文物保护、展示、利用设施工程3号、4号保护棚设计方案
2015年度全国人居经典建筑规划设计方案竞赛 建筑金奖

喇家国家考古遗址公园核心区景观工程
2015年度全国人居经典建筑规划设计方案竞赛 环境金奖

北京实验二小王府校区西扩工程
2015年度全国人居经典建筑规划设计方案竞赛 建筑金奖

周口店遗址第1地点（猿人洞）保护
2015年度全国人居经典建筑规划设计方案竞赛 建筑金奖

桂林"一院两馆"项目
2015年度全国人居经典建筑规划设计方案竞赛 综合大奖

安邦保险上海张江后援中心2#地块新建项目
2015年度全国人居经典建筑规划设计方案竞赛 综合大奖

顺义区残疾人职业康复中心工程
2015年度全国人居经典建筑规划设计方案竞赛 建筑金奖

西安紫槛台项目
2015年度全国人居经典建筑规划设计方案竞赛 环境、建筑双金奖

武威职业学院一期工程
2015年度全国人居经典建筑规划设计方案竞赛 环境、建筑双金奖

达拉斯壹号别墅区
2015年度全国人居经典建筑规划设计方案竞赛 建筑金奖

内蒙古汇宗寺文物保护总体规划
2015年度北京市优秀城乡规划设计奖 三等奖

北京市绿色生态示范区低碳生态详细规划指标应用技术导则研究
2015年度北京市优秀城乡规划设计奖 三等奖

咸宁市龙潭景区建设规划
2015年度湖北省优秀城乡规划设计奖 城市规划类——三等奖

重庆市第十八中学高中部迁建工程
2015年度全国优秀工程勘察设计行业奖 三等奖
2014年度重庆市优秀工程设计奖 二等奖

2016

国家电网电力科技馆综合体（菜市口220KV输变电工程及附属设施工程（电力科技馆））
FIDIC工程项目奖（2016）提名奖
2016年度中国建筑学会建筑创作奖 公共建筑类银奖

中国博览会会展综合体
2016年度中国建筑学会建筑创作奖 公共建筑类银奖
2016年度中国建筑学会优秀暖通空调工程设计奖 二等奖
2016年度中国建筑学会建筑设备（建筑电气）优秀设计奖 一等奖
2016年度第十四届中国土木工程詹天佑奖 詹天佑奖
2016年度中国建筑设计奖（建筑电气）获奖

先正达北京生物科技研究实验室
2016年度中国建筑学会优秀暖通空调工程设计奖 三等奖

克拉玛依石化工业园生产指挥中心
2016年度中国建筑学会优秀暖通空调工程设计奖 三等奖

渭南市文化艺术中心
2016年度中国建筑学会建筑创作奖 公共建筑类入围奖

中国传媒大学图书馆
2016年度中国建筑学会优秀暖通空调工程设计奖 三等奖

北京雁栖湖国际会都（核心岛）4号楼
2016年度中国建筑学会建筑设备（建筑电气）优秀设计奖 三等奖

玉树藏族自治州行政中心
2016 年度中国建筑学会建筑创作奖 公共建筑类银奖

牛河梁遗址 II 号地点
2016 年度中国建筑学会建筑创作奖 公共建筑类入围奖

河南信息广场
2016 年度中国建筑学会建筑设备（建筑电气）优秀设计奖 三等奖

清华大学南区学生活动中心
2016 年度中国建筑学会建筑创作奖 公共建筑类银奖
2016WA 中国建筑奖 WA 城市贡献奖 - 入围奖

海淀区北部文化中心
2016 年度中国建筑学会建筑创作奖 公共建筑类入围奖
2016 年度中国智能建筑行业创新工程奖 创新工程奖

阜新万人坑遗址保护设施工程
2016 年度中国建筑学会建筑创作奖 公共建筑类入围奖

乌海市桌子山召烧沟岩画遗址保护工程
2016 年度中国建筑学会建筑创作奖 公共建筑类入围奖

广元千佛崖摩崖造像保护建筑试验段工程
2016WA 中国建筑奖 WA 设计实验奖 - 优胜奖

清华大学新建医院一期工程
2016 年度中国建筑学会优秀暖通空调工程设计奖 三等奖
2016 年度中国智能建筑行业创新工程奖 创新工程奖

《体育建筑电气设计规范》
2016 年广东省土木建筑学会科学技术奖 一等奖

2017

国家电网电力科技馆综合体（菜市口 220KV 输变电工程及附属设施工程（电力科技馆））
2017 年度全国优秀工程勘察设计行业奖 一等奖
2017 年度教育部优秀设计奖 一等奖

联合国工业发展组织国际太阳能技术促进转让中心科研教学综合楼
2017 年度绿色建筑奖（GBA 奖）最佳绿色建筑

中国博览会会展综合体（北块）
2017 年度全国优秀工程勘察设计行业奖 二等奖
2017 年度全国优秀工程勘察设计行业奖 水系统一等奖
2017 年度全国优秀工程勘察设计行业奖 建筑环境与能源应用一等奖
2017 年度全国优秀工程勘察设计行业奖 建筑智能化一等奖

中国博览会会展综合体——北块 B1 区
2017 年度全国优秀工程勘察设计行业奖 结构三等奖
2017 年度教育部优秀设计奖 结构一等奖

克拉玛依石化工业园生产指挥中心
2017 年度教育部优秀设计奖 建筑环境与能源应用三等奖

渭南市文化艺术中心
2017 年度全国优秀工程勘察设计行业奖 一等奖
2017 年度教育部优秀设计奖 一等奖

中国传媒大学图书馆
2017 年度教育部优秀设计奖 建筑环境与能源应用三等奖

雁栖湖国际会都 -4# 贵宾别墅
2017 年度北京市优秀工程设计奖 三等奖

东北大学浑南校区文科 2 楼
2017 年度全国优秀工程勘察设计行业奖 一等奖
2017 年度教育部优秀设计奖 一等奖

重庆市第十八中学高中部迁建工程
2017 年度全国优秀工程勘察设计行业奖 华筑奖工程项目类三等奖

清华大学南区学生食堂
2017 年度第九届中国威海国际建筑设计大奖赛 银奖

阜新万人坑遗址保护设施工程
2017 年度全国优秀工程勘察设计行业奖 二等奖
2017 年度教育部优秀设计奖 一等奖

清华大学新建医院一期工程
2017 年度全国优秀工程勘察设计行业奖 建筑环境与能源应用二等奖
2017 年度教育部优秀设计奖 建筑环境与能源应用一等奖
2017 年度全国优秀工程勘察设计行业奖 建筑电气二等奖
2017 年度教育部优秀设计奖 建筑电气一等奖
2017 年度教育部优秀设计奖 水系统二等奖

北京大学第三医院北戴河国际医院工程可行性研究报告
2016 年度北京市优秀工程咨询成果奖 二等奖

中国中医科学院广安门医院大兴生物制药基地工程可行性研究报告
2016 年度北京市优秀工程咨询成果奖 二等奖

新疆大学科学技术学院（阿克苏）一期工程建设项目——图书馆
2017 年度全国优秀工程勘察设计行业奖 一等奖
2017 年度教育部优秀设计奖 二等奖

上海焦点生物技术有限公司研发中心
2017 年度全国优秀工程勘察设计行业奖 二等奖
2017 年度北京市优秀工程设计奖 二等奖

河南省大学科技园（东区）新材料产业基地建设项目 15# 楼工程
2017 年度全国优秀工程勘察设计行业奖 三等奖
2017 年度北京市优秀工程设计奖 二等奖

浙江省科技信息综合楼易地建设项目
2017 年度全国优秀工程勘察设计行业奖 三等奖
2017 年度教育部优秀设计奖 二等奖

15J904《绿色建筑评价标准应用技术图示》
2017 年度全国优秀工程勘察设计行业奖 标准设计一等奖

山东农业大学科技创新大楼
2017 年度教育部优秀设计奖 三等奖

大屯 1 号绿隔产业用地项目
2017 年度教育部优秀设计奖 三等奖

承德医学院附属医院新城医院
2017 年度教育部优秀设计奖 三等奖

烟台克利顿饭店旧址保护修缮工程
2017 年度教育部优秀设计奖 三等奖

通江千佛岩石窟保护规划
2017 年度教育部优秀设计奖 规划一等奖

陕西省延川县城市总体规划（2016-2030 年）
2017 年度教育部优秀设计奖 规划一等奖

将台堡革命旧址保护规划
2017 年度教育部优秀设计奖 规划二等奖

武威职业学院新校区一期项目
2017 年度教育部优秀设计奖 规划三等奖

南岳古镇东西南三街及沿河景观整治规划设计
2017年度教育部优秀设计奖 规划二等奖

吉首大学师范学院附属小学经开区校区
2017年度教育部优秀设计奖 规划三等奖

李兆基科技大楼工程
2017年度教育部优秀设计奖 三等奖
2017年度教育部优秀设计奖 建筑电气三等奖

中国烟草总公司北京市公司研发中心
2017年度北京市优秀工程设计奖 三等奖

万载古城·田下街区修建性详细规划
2017年度北京市优秀城乡规划设计奖 二等奖

滇西应用技术大学总部校园规划设计
2017年度北京市优秀城乡规划设计奖 三等奖

山东日照岚山安东卫老城及新城城市设计
2017年度北京市优秀城乡规划设计奖 三等奖

威海市职业中学专业学校规划设计
2017年度北京市优秀城乡规划设计奖 三等奖

唐山盛世花园酒店工程
2017年度全国冶金行业优秀设计奖 优秀设计奖
2016-2017年度国家优质工程奖 获奖

中国卫星通信大厦
中国航天科工集团公司2017年优秀工程勘察设计奖 优秀工程设计类二等奖

贵阳万科劲嘉大都会商业综合体
2016-2017年度国家优质工程奖 获奖

图书在版编目（CIP）数据

清华大学建筑设计研究院成立 60 周年精选作品集 / 清华大学建筑设计研究院编著 . -- 北京 : 中国建筑工业出版社，2018.10
　ISBN 978-7-112-22748-8

Ⅰ . ①清… Ⅱ . ①清… Ⅲ . ①建筑设计－作品集－中国－现代 Ⅳ . ① TU206

中国版本图书馆 CIP 数据核字 (2018) 第 222128 号

责任编辑：李东　边琨
责任校对：王雪竹
编　　辑：王若溪
美　　编：李鑫瀚
装帧设计：王贺之

清华大学建筑设计研究院成立 60 周年精选作品集
清华大学建筑设计研究院　编著
*
中国建筑工业出版社 出版、发行（北京海淀三里河路 9 号）
各地新华书店、建筑书店经销
北京久佳印刷有限责任公司　制版、印刷
*
开本：850×1168 毫米 1/12　印张：31²/₃　字数：900 千字
2018 年 10 月第一版　2018 年 10 月第一次印刷
定价：328.00 元
ISBN 978-7-112-22748-8
（32851）
版权所有　翻印必究
如有印装质量问题，可寄本社退换
（邮政编码 100037）